大体积流态混凝土工程裂缝控制研究

黄祚继　著

黄河水利出版社

内 容 提 要

本书结合临淮岗洪水控制船闸底板混凝土工程，系统地进行了大体积流态混凝土裂缝控制研究，对裂缝控制领域许多新观点、分析和处理方法以及引起裂缝的原因进行了系统的论述，并结合裂缝计算理论，采取相应的措施，成功地解决了大体积流态混凝土裂缝问题。

本书适用于各类工程建设领域，可供土建工程广大技术人员、科研工作者及大专院校师生参考。

图书在版编目（CIP）数据

大体积流态混凝土工程裂缝控制研究/黄祚继著.—郑州：黄河水利出版社，2008.4

ISBN 978-7-80734-411-7

Ⅰ.大… Ⅱ.黄… Ⅲ.水利工程-大体积混凝土施工-裂缝-控制 Ⅳ.TV544

中国版本图书馆 CIP 数据核字（2008）第 051327 号

出 版 社：黄河水利出版社

地址：河南省郑州市金水路 11 号　　邮政编码：450003

发行单位：黄河水利出版社

发行部电话：0371-66026940、66020550、66028024、66022620（传真）

E-mail：hhslcbs@126.com

承印单位：河南省瑞光印务股份有限公司

开本：850 mm×1 168 mm　1/32

印张：3.25

字数：60 千字　　印数：1—2 200

版次：2008 年 4 月第 1 版　　印次：2008 年 4 月第 1 次印刷

定价：12.00 元

前 言

近年来,工程建设规模迅猛发展,施工机械日新月异,混凝土结构形式日趋大型化、复杂化,如何因地制宜地把古老而又新颖的裂缝控制在无害范围内是工程技术人员的艺术。

混凝土结构物的裂缝,不仅会影响工程外观和正常运行,还可能影响工程安全,缩短工程寿命。防止混凝土结构物产生裂缝,历来是结构物设计和施工的重大课题,由于混凝土裂缝大部分属于温度裂缝,温度控制防裂成为解决问题的关键。本书结合大体积流态混凝土裂缝控制问题,研究了混凝土工程发展的历程,分析了存在的问题,并重点对混凝土添加剂的作用进行了探讨,分析了多种添加剂的性能以及对防止混凝土裂缝产生的效应;分析了产生温度应力的条件,研究了混凝土抗裂性能,并从混凝土裂缝形成和发展机理方面,分析了裂缝对结构物的危害性。

针对临淮岗洪水控制船闸工程,通过试验,研究了粉煤灰及外加剂的性能,对混凝土的配合比进行优化设计,并对底板混凝土的温度裂缝进行了验算分析。通过对船闸底板混凝土的温度观测资料进行分析,研究了混凝土温度变化对底板混凝土应力的影响,提出了温度控制的措施。在工程实践中,临淮岗洪水控制船闸工程混凝土裂缝得到了很好的控制。

本书共分6章，第1章为绪论，第2章为混凝土工程技术发展分析，第3章为水工混凝土裂缝的形成和危害性分析，第4章为临淮岗船闸底板混凝土温度应力计算分析，第5章为临淮岗船闸底板混凝土温度观测与控制，第6章为总结与展望。

本书是大体积流态混凝土裂缝控制方面的科研成果专著，可供从事工程设计、施工和科研人员使用，同时也可供大专院校师生参考。因时间仓促，著者水平所限，书中难免有不妥之处，敬请读者指正。

著 者

2008 年 3 月

目　录

第1章 绪 论

1.1 混凝土裂缝产生的原因及控制措施研究进展

1.1.1 混凝土早期裂缝产生的原因及控制措施

随着水泥和混凝土技术的发展，混凝土工程中相当普遍地出现早期开裂的现象。所谓早期裂缝是指混凝土和钢筋混凝土结构在使用荷载作用前，甚至在拆模后就出现的裂缝。这种早期裂缝出现在大体积混凝土，裂缝宽度有 0.1 ~ 1 mm 的，也有宽达 1 cm 贯穿结构的大裂缝。

从机理上分析，混凝土早期裂缝的产生是因为混凝土的收缩（或膨胀）以及温度（水泥水化热）与混凝土的力学性能（弹性模量 E_p 和抗拉强度 f_p）不相适应。混凝土的早期收缩包括两部分：塑性阶段的收缩和硬化初期的干燥收缩。塑性收缩是由泌水、沉降和水泥—水系统最早期水化引起的化学收缩，早期裂缝取决于混凝土内部的温度和湿度分布梯度、收缩值。从水泥和混凝土发展看，过去混凝土构件裂缝少而近来裂纹多，其原因主要有：

(1)现在窑外分解的高级水泥产量增加，许多大城市用的水泥大多是这种高级水泥。这类硅酸盐水泥或普通硅酸盐水泥 C_3S 和 C_3A 含量高（有的 R_2O 含量也较高）、比表面增大（从过去3 000 cm^2/g 增加到 3 600 cm^2/g 左右），因此早期水化快，水化热发展快，凝结硬化较快，1 ~ 3 d 的早期强度也较高。

(2)从工程设计和施工角度看，现在混凝土设计强度等级比过去高了，这是技术的进步。施工单位和建设单位又特别强调加快工程进度，要求过高的早期强度，特别喜欢用 R 型水泥和早强型外加剂。

(3)从混凝土材料角度看，商品混凝土和泵送混凝土有较大发展，坍落度往往要求 18 ~ 22 cm，因此单方水泥用量大大增加，实际施工所用混凝土超标号现象很普遍。

混凝土技术发展了，水泥与混凝土的变化都易导致早期裂缝的产生：水泥用量大，细度大，收缩增大，水化热增大；水泥 C_3S、C_3A、R_2O 含量大，细度大，再加上某些外加剂使水泥凝结加速，E_p 的增加大于 f_p。过去浇水养护是为了增加强度，因而不注意早期的保护。

预防早期裂缝的措施主要包括以下几个方面：

(1)必须转变几个观念。不要过度追求水泥的高早强，尤其不要不分场合地使用早强型（R 型）水泥。不要以为水泥强度越高、混凝土中水泥用量越多越保险。越是早强，越是高强，水泥用量越多，早期开裂的风险越大。

(2)混凝土振实成型后，应尽早覆盖表面，加强养护，延长浇水养护时间,这是很重要的。

(3)现在水泥出厂强度都较高,为了降低水化热,控制早期水化热过快,最好的办法是在混凝土配比中加入适量Ⅱ级或Ⅱ级以上的粉煤灰或矿渣微粉。

1.1.2 混凝土裂缝产生的原因及控制措施

1.1.2.1 沉降收缩裂缝及控制

在泵送混凝土现浇的各种钢筋混凝土结构中,特别是板、墙面系数大的结构之中,经常出现一种早期裂缝,这些裂缝主要是沉降收缩裂缝。这种裂缝位于钢筋上部,裂缝中部较宽、两端较窄,呈梭状,与混凝土上表面垂直,其深度往往从表面一直延伸到钢筋表面,裂缝宽度1~4 mm,深度不一。如果不加以预防和消除,将会加速钢筋的锈蚀。混凝土沉降裂缝的主要控制措施有:

(1)混凝土用水量越大,越易引起沉降裂缝。所以,要严格控制混凝土单位用水量在170 kg/m^{3}以下,水灰比在0.6以下,对于泵送混凝土,在满足泵送和浇筑要求时,宜尽可能减小坍落度;还可以应用减水率大的高效减水剂或缓凝高效减水剂大幅度减少用水量;应用保水性好的普通硅酸盐水泥,连续级配的粗骨料,偏粗的中砂。

(2)掺加适量质量良好的送泵剂掺合料,可改善工作性能和减少沉陷。

(3)混凝土的搅拌时间要适当,时间过短、过长都会造成拌合物的均匀性变差而增大沉陷。

(4)混凝土的凝结时间越长,越易引起沉降裂缝。所以，混凝土的凝结时间不宜过长。

（5）混凝土浇筑时，下料不宜太快，防止堆积或振捣不充分。

（6）混凝土应振捣密实，但应避免过振，时间以10～15 s/次为宜。截面厚度相差较大的构筑物，可先浇筑较深部位，静止2～3 h，待沉降稳定后再与上部薄截面混凝土同时浇筑；进行二次振捣，一般在混凝土浇筑1～1.5 h后，混凝土尚未凝结之前进行。此时，振捣棒振实再拔出时混凝土表面未留下任何明显的痕迹为宜。

（7）在炎热的夏季和大风天气，为防止水分蒸发强烈，形成内外硬化不均和异常收缩引起裂缝，应采取措施缓凝和覆盖。

1.1.2.2 塑性收缩裂缝及控制

塑性收缩裂缝出现在暴露于空气中的混凝土表面，裂缝较浅，长短不一，短的仅20～30 cm，长的可达2～3 m，宽1～5 mm，裂缝互不连贯，类似干燥的泥浆面。影响混凝土塑性裂缝的主要因素与防止措施，一是降低混凝土表面游离水的蒸发速度，二是减小混凝土的面层干缩量，三是增大混凝土面层早期的抗裂强度。防止出现塑性裂缝的原理主要包括下列方面：

（1）选用干缩较小、早期强度较高的硅酸盐或普通硅酸盐水泥，严格控制水泥和掺合料的用量，选用级配良好的砂子和石子。气温较低时，在混凝土中掺加促凝剂，以加速混凝土的凝结和强度发展。掺加一定量的纤维，如钢纤维、聚丙烯纤维等。

(2)浇筑混凝土前,将基层和模板浇水湿透,避免其吸收混凝土中的水分。

(3)振捣密实,减少混凝土的收缩量。

(4)混凝土浇筑后,在初凝前完成抹平工作,终凝前完成压光工作,建议推广二次抹压工艺。抹光后及时用潮湿的草袋或塑料薄膜覆盖,认真养护,也可喷涂混凝土养护剂。

(5)在气温高、风速大、干燥的天气施工时,加设挡风设施。混凝土浇筑后应及早进行喷水养护,使其保持湿润,大面积混凝土宜浇完一段,养护一段。在炎热季节,需加强表面的抹压和养护,必要时加设遮阳、挡风及喷雾设施等。

1.1.2.3 温度裂缝及控制

水泥水化过程中放出大量的热,且主要集中在浇筑后的前7 d内,一般每克水泥可以放出502 J的热量,如果以水泥用量350 ~ 550 kg/m^3 来计算,每立方米混凝土将放出175 ~ 276 MJ的热量,从而使混凝土内部温度升高(可达70 ℃左右,甚至更高)。尤其对大体积混凝土来说,这种现象更严重。因为混凝土内部和表面的散热条件不同,所以混凝土中心温度低,形成温度梯度,产生温度变形和温度应力。温度应力和温度差成正比,当这种温度应力超过混凝土的内外约束应力(包括混凝土抗拉强度)时,就会产生裂缝。这种裂缝初期出现时很细,随着时间的发展而逐渐扩大，甚至达到贯穿的情况。

混凝土内部的温度与混凝土厚度及水泥品种、用量有关。对于大体积混凝土，其形成的温度应力与结构尺寸相关，在一定的尺寸范围内，混凝土结构尺寸越大，温度应力也越大，因而引起裂缝的危险性也越大。因此，防止大体积混凝土出现裂缝最根本的措施就是控制混凝土内部和表面的温度差。温度裂缝控制的主要措施有：

(1)考虑选择粉煤灰水泥、矿渣水泥、火山灰水泥或复合水泥，对于体积较大的结构，应优先选择中热水泥甚至低热水泥。另外，可充分利用混凝土后期强度，以减少水泥用量。大量试验研究和工程实践表明，每立方米混凝土的水泥用量增减 10 kg，其水化热将使混凝土的温度相应升高或降低 1 ℃。因此，为了更好地控制水化热所造成的温度升高、减少温度应力，可根据工程结构实际承受荷载时的情况，并和设计单位协商，用 56 d 或 90 d 抗压强度代替 28 d 抗压强度作为设计强度。对于大体积钢筋混凝土基础的高层建筑，大多数的施工期限很长，少则 1 ~2 年，多则 4 ~5 年，28 d 不可能向混凝土结构特别是大体积钢筋混凝土基础施加设计荷载。因此，将试验混凝土标准强度的龄期推迟到 56 d 或 90 d 是合理的，正是基于这一点，国内外许多专家提出类似的建议。如果充分利用混凝土的后期强度，则可使每立方米混凝土中水泥的用量减少 40 ~ 70 kg，则混凝土温度相应降低 4 ~ 7 ℃。最后，减少水泥水化热和降低内外温差的办法是减少水泥用量,将水泥用量尽量控制在450 kg/m^3 以下,如果强度允许,可采用掺加粉煤灰来调整。

(2)浇筑大体积混凝土结构不得已而采用硅酸盐水泥或普通硅酸盐水泥时,应考虑在保证强度指标的情况下,掺加一定量活性掺合料(如粉煤灰、矿渣微粉等),活性掺合料对水泥的替代率越大,降低混凝土温升的效果越好。掺加粉煤灰混凝土的温度和水化热,在1~28 d龄期内,大致为:掺入粉煤灰的百分数就是温度和水化热降低的百分数,即掺加20%粉煤灰的水泥混凝土,其温升和水化热约为未掺粉煤灰的水泥混凝土的80%,可见掺加粉煤灰对降低混凝土的水化热和温升的效果是非常显著的。

(3)在混凝土中掺加一定量的具有减水、增塑、缓凝、引气的外加剂,可以改善混凝土拌合物的流动性、黏聚性和保水性。由于其减水作用和分散作用,在降低用水量和提高强度的同时,还可以降低水化热,推迟放热峰的出现时间,因而减少温度裂缝。

(4)对于大体积混凝土,应控制混凝土料的入模温度,掌握好浇筑时间。加强养护,一般在浇筑完成后,对混凝土表面进行覆盖,并进行测温跟踪,以保证混凝土内外温差不超过25 ℃,否则应立即采取措施。

1.1.2.4 干缩裂缝及控制

干燥收缩主要是由混凝土在硬化后较长时间产生的水分蒸发引起的。由于集料的收缩很小,因此混凝土的干燥收缩主要是水泥石干燥收缩造成的。水泥石干燥收缩理论有毛细管张力学说、表面吸附学说和夹层水学说等。混凝土的水分蒸发、干燥过程是由外向内、由表及里逐渐发展的。由于混凝土蒸发干燥非常缓慢，产生干燥收缩裂缝多数在一个月以上，有时甚至一年半载，而且裂缝发生在表层很浅的位置，裂缝细微，有时呈平行线状或网状，常常不被人们重视。但是要特别注意，由于碳化和钢筋锈蚀的作用，干缩裂缝不仅损害薄壁结构的抗渗性和耐久性，也会使大体积混凝土的表面裂缝发展成为更严重的裂缝，影响结构的耐久性和承载能力。干缩裂缝的控制措施有：

(1)选择合适的水泥品种和用量。一般来说，水泥的需水量越大，混凝土的干燥收缩越大，不同水泥混凝土的干燥收缩按其大小顺序排列为矿渣水泥、普通水泥、中低热水泥和粉煤灰水泥。所以从减少收缩的角度来看，宜采用中低热水泥和粉煤灰水泥。干燥收缩随水泥用量的增加而增大，但是增加量不显著。C20 ~ C60 混凝土的水泥用量一般为 350 ~ 600 kg/m^3。

(2)混凝土的干缩受用水量影响很大，在同一水泥用量条件下，混凝土的干燥收缩和用水量成正比。综合水泥用量和用水量来考虑，水灰比越大，干燥收缩越大。因此，在混凝土配合比设计中应尽可能将每立方米混凝土的用水量控制在 170 kg 以下，对于浇筑墙体和板材的单方混凝土用水量的控制尤为重要。特别值得注意的是，施工混凝土的用水量绝对不允许大于配合比设计给定的用水量。

(3)矿渣、火山灰、硅藻土等粉状掺合料掺加到混凝土中,一般都会增大混凝土的干缩值,但是质量好,含有大量球形颗粒的一级粉煤灰,由于内比表面积小,需水量少,故能降低湿混凝土的干缩值。

(4)掺加减水剂,特别是同时掺加粉煤灰的双掺技术不会增大干缩值,但是对于某些减水剂,尤其是当减水剂具有引气作用时,有增大混凝土干缩的趋势。因此,要选用干燥收缩小的外加剂。

(5)混凝土浇筑面受到风吹日晒,表面干燥过快,受到内部混凝土的约束,在表面产生拉应力而开裂。如果在混凝土终凝之前进行早期保温、保湿养护,对减少干燥收缩有一定作用。

1.2 水工混凝土裂缝研究的意义和目的

1.2.1 研究的意义和目的

为了兴修水利、防治水害,人类在几千年前就开始建造水坝,早期建造的有土坝、砌石坝、堆石坝和木坝。混凝土坝的建造始于20世纪初期,由于混凝土是脆性材料,其抗拉强度远小于抗压强度,在建造混凝土坝时,如何防止裂缝出现始终是一个问题。大体积混凝土水工结构,如大坝、船闸、泄洪建筑物、电站厂房等,体积大、结构形式复杂。混凝土浇筑后，由于水泥在水化凝结过程中要散发大量的水化热，因而使混凝土体积膨胀，待达到最高温度以后，随着热量向外部介质散发，温度将由最高温度降至一个稳定温度或稳定温度场，由此将产生一个温差。如果浇筑温度大于稳定温度（或稳定温度场），这个温差就更大。这时，混凝土因为降温将发生体积收缩，混凝土的水化热发生过程，一般出现在浇筑后的3～5 d。这时由于体积膨胀，在基岩部位受基岩约束，将出现较小的压应力（这是因为浇筑初期混凝土的变形模量小，还处于塑性阶段），等到混凝土由最高温度开始下降以后，由于混凝土是热的不良导体，需要经过很长时间，几年、甚至几十年，才能达到稳定温度。在基岩部位，混凝土的收缩受基岩约束，将产生很大的拉应力（这是因为混凝土的变形模量随龄期的增加而迅速加大），如果超过混凝土的极限抗拉强度，就会出现基础贯穿裂缝。在脱离基岩约束的部位，如果混凝土的最高温度与外部介质的温差过大，内部热的混凝土约束外部冷混凝土的收缩，亦即内部温度场呈非线性分布，也可能出现深层裂缝或表面裂缝。最可能和最危险的情况是早期的表面裂缝形成了坝体表层的弱点，在继续降温过程中，最容易出现具有破坏性的裂缝。

大体积混凝土水工结构，通常要承受两种不同性质的荷载：第一种是结构荷载，包括水压、泥沙压、地震、渗压、风浪、冰凌以及结构自重与设备重量等；另一种是混凝土本身的体积变化产生的温度应力,包括温度、徐变、干湿、混凝土自身体积变形等。

临淮岗船闸上闸首底板长 16.5 m、宽 24.8 m、厚 2.5 m(一期混凝土);下闸首底板长 18.5 m、宽 26.8 m、厚 2.7 m(一期混凝土);闸室底板端节长 15 m、宽 16.2 m、厚 2.1 m;中节长 20 m、宽 16.2 m、厚 2.1 m。上闸首底板混凝土为 1 048 m^3,下闸首底板混凝土为 1 338 m^3,闸室底板端节混凝土为 570 m^3,中节混凝土为760 m^3。底板混凝土强度等级为 C20,闸首和闸室底板均设置双层止水(1.5 mm 紫铜片和 WBⅡ - 330 - 12 橡胶)。混凝土浇筑拟采用混凝土输送泵运输,由人工平仓振捣。因底板混凝土厚度均大于 1.5 m,属大体积混凝土,必须按大体积混凝土进行控制,而裂缝控制是质量控制中的难点和关键。本书根据以往工程经验并结合工程本身的特点,对底板混凝土裂缝进行预控设计和观测研究,从而为保证工程质量提供科学依据,并为类似工程提供技术参考。

1.2.2 水工混凝土的防裂措施和当前发展水平

根据 1938 年 3 月、4 月美国混凝土杂志(A. C. I)34 卷“大体积混凝土裂缝”一文提供的资料,波尔德坝采取的温控措施,纵横缝分缝均为 15 m(50′),混凝土的水泥用量为 223 kg/m^3(1 桶/立方码),采用低热水泥,浇筑层厚 1.5 m(5′)并限制间歇期,以及预埋冷却水管,进行人工冷却等。稍后建成的大古力坝,除采用改良水泥(发热量介于标准水泥和低热水泥之间)外,其余温控措施基本上和波尔德坝相同。它们和1932年建成的奥威海坝(基本没有采取温控措施)相比,据统计廊道内每英尺(约0.3 m)长度上,出现裂缝的长度,奥威海坝为0.75 m,大古力坝为0.56 m,波尔德坝为0.22 m,但没有出现破坏整体性的贯穿裂缝,在当时他们认为,这样的裂缝和过去比较,已经是大大地前进一步了。必须指出,在波尔德坝建设期间采用的许多温控防裂措施,比如水管冷却、薄层浇筑、均匀上升、合理分缝分块、采用低热水泥等,都是比较成功的,一直沿用至今。

另从美国土木工程师杂志(A. S. C. E)1959年8月的"垦务局对拱坝裂缝控制的实施"和动力杂志(Power division)1960年2月的"T. V. A 对混凝土重力坝的裂缝控制"两篇文章中可以看出,美国在对水工大体积混凝土温控防裂方面,在20世纪60年代初已经逐渐形成了一种比较定型的设计、施工模式,他们采取的控制措施包括:①采用具有低水化热的水泥,一般为Ⅱ号水泥,或一部分用活性掺合料来代替;②采用低水泥含量以减少总的发热量,一般水泥含量为178~223 kg/m^3,水灰比为0.6~0.8,外部混凝土采用0.5~0.6;③限制浇筑层厚度和最短的浇筑间歇期;④采用人工冷却混凝土组成材料的方法来降低混凝土的浇筑温度;⑤在混凝土浇筑以后,采用预埋冷却水管,通循环水来降低混凝土的水化热温升;⑥保护新浇混凝土的暴露面,以防止突然的降温,如果需要，就把所有的浇筑面都掩盖起来，在极端寒冷地区，掩盖在棚内进行人工加热。在酷热季节，如果有必要的话，就采用棚盖来防止新浇混凝土暴露面受日光直射，同时用喷雾的方法来防止混凝土过早的凝结和干燥，在各种条件下，混凝土的养护至少在 14 d 以上。此外，还采用浇筑层厚与间歇期随不同浇筑温度而变化的浇筑方法，主要是根据最大有效温降接近于 16.7 ℃而制定的。

在 20 世纪 50 年代末 60 年代初，美国在水工混凝土温控防裂方面已经初具规模，到 60 年代末 70 年代初，美国陆军工程师团建造的工程，由于大量应用预冷混凝土集料的方法来控制混凝土入仓温度和采取表面保护来防止气温骤降对新浇混凝土暴露面的急剧降温，基本上做到了不出现严重危害性裂缝。

前苏联从 20 世纪 50 年代开始，在西伯利亚和中亚地区建造了一系列混凝土坝。当地气候条件十分恶劣，年平均气温往往为 -2 ~ -3 ℃，冬季最低气温达 -40 ~ -50 ℃，在这样恶劣的气候条件下建造混凝土坝，温控防裂问题的解决显然是十分困难的。他们先后采用过错缝（布赫塔尔明坝）、直缝柱状分块（布拉茨克坝）、薄层长条浇筑（克拉斯诺雅尔斯克坝）及水管冷却、混凝土预冷、表面保温等措施，都没有解决问题，坝内裂缝很多。一直到 70 年代建造托克托古尔重力坝（高 215 m）时，采用了所谓“托克托古尔施工法”才算解决问题。此法的核心是利用自动上升帐篷创造人工气候，冬季保温，夏季遮阳，自始至终在帐篷内浇筑混凝土。前苏联为解决混凝土坝的温控防裂问题,前后经历了20年。

20世纪50年代初期,我国在混凝土坝的设计和施工方面都是一片空白,毫无经验,且在受到西方国家技术封锁的情况下,在淮河中游建造了佛子岭、梅山两座连拱坝。佛子岭连拱坝是薄壁结构,厚度只有0.50~1.8 m,主要温控防裂措施是在支墩内设置纵向宽缝,待两边冷却后回填混凝土。1954年佛子岭坝建成蓄水后,支墩基本上没有大的裂缝,但拱内裂缝较多。总结佛子岭坝的经验,在梅山连拱坝的设计中,在拱内设置了收缩缝,1956年该坝建成后,裂缝不多。1955年设计响洪甸拱坝,这是我国第一座混凝土拱坝,由于是大体积混凝土坝,对温度控制比较重视,决定采用水管冷却、薄层浇筑等措施,1958年建成,裂缝不多,至今运行正常。1958年后,我国出现了全国规模的大跃进,从好的方面说,形成了水利水电建设的高潮,几十座大中型水利枢纽同时开工;从不足的方面说,不少工程出现了大量裂缝。由于丹江口工程裂缝较多,根据水电部指示,由丹江口工程局、水科院、长科院等单位组成"丹江口工程温控防裂科研组",在工地工作了近半年,进行了大量现场调查研究,得到的重要结论是:施工过程中产生的裂缝绝大部分是表面裂缝,一部分表面裂缝可能发展成贯穿裂缝或深层裂缝,引起表面裂缝的主要原因是气温骤降,从而引起了对表面保温的重视。对当时全国众多工程的裂缝情况进行全面分析后,还得到下列重要经验:①混凝土施工质量对裂缝的产生有重要影响,如与丹江口工程同期施工的三门峡重力坝,因施工质量较好,裂缝很少,工程进展顺利。②大跃进期间因水泥供应紧张,过于追求节约水泥,不少混凝土坝采用 C10 混凝土,抗裂能力太低,不利于抗裂。③结构形式对裂缝有重要影响。另外,对当时国内流行的宽缝重力坝进行反思后认识到,宽缝重力坝由于暴露面积大,实际上比实体重力坝更易于产生裂缝。吸取大跃进时期的经验教训后,我国各混凝土坝在施工中重视施工质量和温控防裂,裂缝大大减少,丹江口、刘家峡等坝在后期施工中,裂缝都不多。但到了"文革"时期,由于施工管理上的松弛,裂缝一度又有所增加。时至今日,由于大量实际经验的积累和理论上认识的提高,可以说只要精心设计,认真施工,基本上可以控制危害性裂缝的产生。为预防大体积混凝土裂缝的产生,很多单位都根据自已所处地区、所在工程的特点,进行了大量的研究工作。如 2000 年 11 月,曹恒祥等对水工大体积高性能混凝土裂缝原因进行了分析;2001 年 9 月,杨富亮对三峡工程混凝土的温度控制措施进行了总结;2001 年 10 月,王明仁等对超大体积混凝土施工的裂缝控制进行了研究;2001 年 12 月,杨华全等结合三峡工程所用的水泥、粉煤灰、外加剂,对掺粉煤灰和高效减水剂对水泥水化热的影响进行了研究分析;2001 年 12 月,迟培云等对大体积混凝土开裂的起因及防裂措施进行了阐述;2002 年 7 月,贺成立等结合淮河入海水道淮安枢纽对大体积防裂混凝土配合比进行了设计和试验;2003 年 5 月,富文权、韩素芳对混凝土工程裂缝预防与控制进行了阐述。所有这些研究工作都为保证工程的设计和施工质量奠定了基础。

1.3 本书的研究内容和预期目标

本书根据临淮岗船闸底板现场施工条件和状况,从防裂措施角度出发,针对临淮岗船闸底板水工混凝土裂缝的形成和危害性、船闸底板混凝土温度应力以及温度控制设计与防裂措施等方面进行分析研究,主要内容如下:

(1)在深入分析国内外相关混凝土工程,以及外加剂、掺合料等发展现状的基础上,探讨了水工混凝土裂缝形成的各环节因素和危害性,以及各环节需解决的问题。

(2)从温度应力角度,阐述了大体积混凝土裂缝形成和发展的成因,结合工程实例,分析裂缝的危害性。

(3)根据水工混凝土结构和力学变形规律,针对临淮岗船闸底板工程特点,进行原材料选择试验和配合比设计;通过温度应力计算,对底板混凝土裂缝的产生和发展进行研究。

(4)在上述试验和分析的基础上,通过观测船闸底板混凝土温度变化研究针对性的温控措施,以保证混凝土实体不出现裂缝或减少裂缝的产生,达到预期质量目标。

第2章 混凝土工程技术发展分析

2.1 概 述

混凝土是当代最主要的建筑材料,其历史悠远。当前的产量及其在土木工程中的重要性,乃至技术进步的惊人速度为世人所瞩目。我国混凝土年产量占世界之首,混凝土工程技术的发展在我国尤为重要。

回顾中国近代建筑史,20世纪以来,混凝土工程技术和世界各国的混凝土技术发展的道路一样,经过了从塑性混凝土到干硬性混凝土,再到由大流动高强度混凝土向高性能混凝土过渡的几个阶段。

第一阶段从20世纪初到30年代,一批风格各异、造型独特、品质精良的建筑相继建成。这一阶段,混凝土仅在少数"钢骨水泥"结构中应用。所用的混凝土也仅是以1:2:4或1:3:6(水泥:黄砂:石子)的经验配合比加水拌和,制成利用简单的钢钎作施工器具,可以插捣密实的塑性混凝土,强度停留在100#~200#(即C10~C20)的水平上。

第二阶段出现在20世纪的50~70年代,在这30年中,以预制混凝土技术的发展为代表,相继建成了一大批工程。到20世纪70年代末80年代初,梁、板、柱全预制装配式建筑得到了充分发展,其中以上海微型轴承厂全预制多层工业厂房和宝钢外招(宝钢友谊宾馆)为代表的预制全装配高层民用建筑,充分显示了当时混凝土预制装配技术的发展水平。在这一阶段,由于受当时前苏联混凝土工程技术路线的影响,干硬性混凝土技术得到了一定程度的发展,混凝土的平均强度为 200# ~ 300#(C20 ~ C30)。

第三阶段,就是改革开放的 20 世纪 80、90 年代,80 年代混凝土工程技术发展中最突出的成绩是:预拌混凝土成套技术的开发,混凝土外加剂技术的发展,使一大批高层建筑的泵送混凝土的应用成为可能;大体积基础混凝土施工技术日趋成熟;粉煤灰混凝土应用技术达到较高水平;混凝土的平均强度也由 200# ~ 300#(C20 ~ C30)提高到 300# ~ 400#(C30 ~ C40);混凝土的流动度达到(180 ± 30) mm,属大流动混凝土范畴。

进入 20 世纪 90 年代,混凝土工程技术又跨出了一大步。C60 混凝土已在一大批有影响的标志性工程中获得应用;C80 泵送混凝土也开始用于工程实践;混凝土外加剂进入了第三代水平,利用外加剂对混凝土进行改性,以适应各种特殊施工的技术要求,已被广大从事混凝土工程的技术人员掌握;大体积混凝土的施工技术水平达到国际先进水平;混凝土的一次泵送高程达到 382.5 m,更是世界领先水平;粉煤灰得到了综合利用,高钙粉煤灰应用技术已达到国际水平;矿渣微粉作为混凝土的掺合料,不但已用于工程实践,且多项技术指标已达到国际先进水平。

21 世纪将是高性能混凝土(HPC)、绿色高性能混凝土(GHPC)兴起和发展的时代。1994 年我国发布的《中国 21 世纪议程——中国 21 世纪人口、环境与发展白皮书》指出:“必须寻求一条人口、经济、社会、环境和资源相互协调的,既能满足当代人的需求,而又不对满足后代人需求的能力构成危害的可持续发展的道路。”发展绿色高性能混凝土正是充分利用各种工业废弃物,大力发展复合胶凝材料,最大可能地降低硅酸盐水泥用量,使混凝土工程技术走上可持续发展道路的必由之路。

“八五”和“九五”期间,建设事业空前发展,混凝土工程技术的进步尤为显著。然而, 由于人们长期以来片面地重视混凝土的强度,对混凝土耐久性的重视程度就显得不足。因此,必须研究高性能混凝土及其施工技术。

(1)高性能混凝土的开发研究。1990 年 5 月 16 ~ 18 日在美国马里兰州盖特律堡,美国国家标准与技术学会和美国混凝土学会(ACI)共同发起召开了一次高性能混凝土专题研讨会。1991 年 9 月,国际混凝土杂志发表了题为《High Perfomance Concrete: Research Need, to Enhance its Use》的论文,为高性能混凝土的发展拉开了序幕。在以后的 10 年中,高性能混凝土研究领域中取得一大批可喜的成果,其中具有代表性的成果有:中华第一高楼——88 层金茂大厦的 C40 一次泵送到 382.5 m;明天广场矿渣微粉 C80 泵送混凝土；在上海教育电视台综合楼大体积基础混凝土中，水泥用量只占胶凝材料总量的 46%，配制的混凝土浆量饱满，混凝土工作性、黏聚性和抗离析性能都十分优异，强度达到 C40 的高性能混凝土。

（2）大体积混凝土施工技术。改革开放的 20 年中，一大批高、大、精、尖的标志性建筑相继建成。深基础大体积混凝土的施工技术，已成为混凝土工程技术进步的重要里程碑。大体积混凝土往往由于强度要求高、施工速度快和质量要求高等特点，决定了它的首选施工方案是一次浇捣，不留施工缝的施工工艺，这就给大体积混凝土施工提出了十分苛刻的约束条件。大体积基础混凝土除了必须满足强度、工作性和耐久性要求外，还存在如何防止温度变形裂缝产生的问题。经过 20 年工程实践的摸索，建成一大批国内、国际领先水平的工程项目。

（3）高泵程混凝土施工。泵送混凝土的泵送高度是混凝土工程技术水平的重要标志，因为混凝土的泵送高度，是混凝土外加剂技术、掺合料技术、配合比设计和泵送机械性能等一系列技术的综合反映。20 世纪 80 年代大量高层建筑的兴建，为泵送混凝土技术的发展提供了广阔的舞台。以上海为例，从 1981 年上海宾馆首次采用泵送混凝土施工技术以来，泵送高度由 80 m 逐年提高到金茂大厦的 382.5 m，创造泵送混凝土世界第一高度，泵送混凝土的强度也由 C30 提高到杨浦大桥主塔结构的 C50 混凝土。

(4)混凝土外加剂技术发展已进入第三阶段。混凝土外加剂技术从20世纪50年代的以氯盐为主要原料的早强剂和松香皂为主的引气剂起步,继后出现了以纸浆废液为原料的塑化剂,其为混凝土外加剂发展的第一阶段;60年代起正规生产木钙型减水剂,到80年代初研制出萘系高效减水剂为止,混凝土外加剂技术发展到了第二阶段;进入80年代后,和预拌混凝土一样,外加剂技术的进步十分迅猛,可认为混凝土外加剂技术的发展进入了第三阶段。

进入90年代中期后,由于混凝土掺合料技术的进步,各种性能各异的混凝土掺合料相继问世。掺合料的掺入使混凝土的施工性能和强度发展规律发生变化,为适应这些变化了的规律,各种专用的外加剂相应问世。

(5)活性掺合料的开发应用。混凝土活性掺合料应用技术研究,可以追溯到20世纪50年代的混合水泥中的粉煤灰和水淬矿渣的利用。把粉煤灰作为混凝土掺合料,在混凝土搅拌时直接掺入,在20世纪50年代仅出现在水坝用混凝土中。然而,在真正普及粉煤灰应用技术,直接把粉煤灰用于建筑工程用的混凝土中是20世纪70年代的事。通过20余年的工程实践,粉煤灰应用技术在国际上也跨入了先进行列。

混凝土掺合料技术的进步,实际上是混凝土材料科学技术进步的重要标志。混凝土掺合料应用技术的日趋成熟,复合胶凝材料的概念逐步被从事混凝土工程技术研究、开发、应用的科技人员接受。混凝土工业要走可持续发展的道路,胶凝材料的变革是必然的趋势。高效活性掺合料和硅酸盐水泥复合组成高效复合水泥基胶凝材料,是混凝土工业走“绿色道路”的必由之路。

2.2 高性能混凝土发展分析

2.2.1 高性能混凝土发展的回顾

高性能混凝土是在高强混凝土的基础上发展起来的,随着水泥生产技术的突破性发展(干法生产工艺),水泥强度的提高以及高效减水剂的出现,混凝土可达到越来越高的强度。在20世纪60年代到80年代,美国芝加哥地区高层建筑的柱的混凝土设计强度从50 MPa提高到110 MPa。从20世纪80年代末90年代初,清华大学率先把高强混凝土列为国家自然科学基金重点项目进行研究,后各省市相继列项研究,取得一批成果,完成了多个C80乃至C100的工程试点项目。高强混凝土用在高层及超高层建筑的受压构件有其突出的优点和明显的经济效益;高强、超高强、高早强混凝土对某些特殊要求的工程,如军事工程、抢修工程、核废料处理工程等也有重大意义。应该说,当时高强混凝土的研究促进了我国混凝土技术的发展。

据蒋家奋考证,在1986年挪威学者首先提出高性能混凝土的研究。这是因为挪威盛产硅灰,掺硅灰大大提高了混凝土的强度、抗渗性、抗氯离子扩散性,从而提高耐久性也增大了开裂风险。继而西方发达国家相继投入大量财力、人力致力于高性能混凝土的研究和开发。这意味着混凝土强度不是表征混凝土性能的唯一重要指标,而耐久性则是更重要的性能。我国从20世纪90年代初也很快引进了高性能混凝土这个概念,至于什么叫高性能混凝土,各国学者,甚至各个学者都有自己的理解和表述,至今没有一个公认的定义。一般说来,高性能混凝土是指高强度、高耐久性、高工作性能的混凝土。一些美国学者更强调耐久性和尺寸稳定性,而日本一些学者偏重于高工作性。这可能由于在日本更重视混凝土振捣工艺对工人听力的不利作用,而推广不需振捣自密实混凝土。

在我国,对高性能混凝土的含义也有争论。冯乃谦在其1996年出版的《高性能混凝土》著作中开宗明义地指出:高性能混凝土必须是高强的,因为一般情况下高强对耐久性有利。同时他认为,高性能混凝土发展的物质基础是现在有了好的混合材料和高效减水剂,因此高性能混凝土必须掺混合材料。冯乃谦的这些观点代表了当时我国大多数混凝土学者对高性能混凝土的认识。吴中伟针对当时科研界过度追求高强度的趋向,及时提出"有人认为高强度必然高耐久性,这是不全面的,因为高强混凝土会带来不利于耐久性的因素……。高性能混凝土还应包括中等强度混凝土,如C30混凝土。"吴中伟高度重视耐久性，并早在 1986 年就提出高强未必一定高耐久，低强也不一定就不耐久的观点。

近 10 年来，我国水泥生产技术有了很大的变化，现在干法生产的水泥年产量已达 1 亿 t 左右（但占我国水泥总产量的比例增加不多，不到 15%），能耗大幅降低，水泥标号提高，比表面增大。水泥新标准执行后，由于新标准试件水灰比提高为 0.5，对强度特别是 3 d 强度的要求相对提高了，小水泥厂为了达到 3 d 强度的指标，也提高了水泥的比表面积。过去水泥的比表面积约在 3 000 cm^2/g，现在大水泥的比表面积普遍大于 3 500 cm^2/g，小水泥的比表面积也在 2 100 cm^2/g 左右。总之，现在大工程用的好水泥与过去相比的特点是：高强度、高早强、28 d 强度超标号、高比表面积。

从混凝土技术的发展看，商品混凝土和泵送混凝土有了很大的发展，商品混凝土的坍落度普遍提高到 18 ~ 22 cm，所以增加了胶结料用量。C25 ~ C30 的混凝土 28 d 强度可达 40 ~ 45 MPa。正常的混凝土 3 d 强度大致是 28 d强度的 40% ~ 50%。近 10 年混凝土的发展趋势是：高标号、超标号、高早强和大坍落度。

随着高性能混凝土的发展和推广，我国混凝土技术的变化是很大的。混凝土的平均强度有了很大的提高，耐久性得到了重视，商品混凝土的比例大幅增加，泵送高度有了突破性的提高，矿渣细粉（比表面在 4 200 ~ 4 500 cm^2/g）的大批量生产和应用，Ⅰ级粉煤灰推广使用量的增大,工业废渣从低级利用变为高级利用,所有这些都是我国混凝土技术的显著进步。然而,与此同时,在工程中又出现了许多不容忽视的亟待解决的问题:裂纹问题,特别是早期裂纹问题;耐久性不好导致结构物破坏的问题;耐久性设计的理念和方法;水泥成分和性能对混凝土性能的影响,也即什么样的水泥符合高质量混凝土要求的问题;如何最合理地使用矿粉、粉煤灰等掺合料的问题等。这些问题成了最近这几年我国混凝土界研究和讨论的热点。

2.2.2　高性能混凝土推广运用的反思

自从1994年清华大学向国内介绍和发起应用高性能混凝土以来,高性能混凝土得到较多的应用,对混凝土耐久性的重视有所加强了,粉煤灰、矿渣等矿物掺合料的使用增多了,预拌混凝土更普遍了,混凝土拌合物的施工性能得到了改善。但是,近年来在国内外却发生较多高性能混凝土结构开裂,特别是早期开裂的问题。而混凝土的裂缝正是在实用阶段环境侵蚀介质侵入的通道。尽管在工程进行过程中,这些裂缝得到了修补,但是仍然可成为混凝土提早劣化的隐患。于是不免产生一个问题:当初提出高性能混凝土的概念,是强调混凝土的耐久性,那么,什么混凝土不需要耐久呢?究竟应如何理解高性能混凝土?实际上,近年来混凝土的开裂成为国内外的热门课题,并不是高性能混凝土所独有的,只是高性能混凝土也没有逃脱当前较普遍存在的混凝土结构开裂的命运罢了。也就是说,某些高性能混凝土的开裂具有普遍意义上的原因。对高性能混凝土的定义或含义,至今没有统一的理解。就我国的情况来看,10 年来由于对高性能混凝土的理解存在若干误区,造成高性能混凝土使用上的盲目和混乱。大多数人对高性能混凝土的理解是高强、高流动性、掺用矿物掺合料,而用现行规范在实验室制作的小试件,以简化的条件和强制的过程进行的耐久性试验结果,又同该混凝土在实际结构中的表现不一致。主要误区有以下几个方面。

2.2.2.1 误区之一:高性能混凝土必须高强度

高强混凝土技术的发展对建设事业起着重大作用,使得过去只能用钢结构建造的高层、大跨度和恶劣环境中的结构物可以使用钢筋混凝土,不仅节省了能源的消耗,而且相对于大气对钢的锈蚀来说,混凝土更耐久。因此,100 年来尤其是近 50 年,混凝土的强度不断提高,是科学技术不断进步的体现,并促进了建设事业的发展。目前,大多数人仍把高性能和高强联系在一起,甚至有人盲目追求混凝土的高强、超高强以至特超高强,并以此为“水平”的标准。西方国家报道的许多开裂的高性能混凝土,其实都是高强度的混凝土。

由于混凝土是一种非均质的“混相”体,其内部各相之间的作用力主要是范德华力,抗拉强度远低于抗压强度。当混凝土抗压强度为 10 MPa 时,抗拉强度和抗压强度的比值(以下简称拉压比)约为1/10;抗压强度为30 MPa时,拉压比约为1/12;抗压强度为60 MPa时,拉压比约为1/14;抗压强度为90 MPa时,拉压比则约只有1/18。这样,就使得混凝土的强度越高,脆性越大,断裂韧性越小;抵抗突发荷载(如地震、爆炸)和疲劳(如高耸结构承受的风荷载,道路承受的动力荷载)的能力越差。

此外,高强混凝土一般使用强度等级高的水泥,同时为了满足施工性的要求,水灰比很低的高强混凝土必须有较大的水泥用量,尤其是不掺用或掺量小的矿物掺合料时,会使混凝土中水化温升很高,控制不好时,会产生较大的温度应力,再加上低水灰比造成较大的自收缩应力,增加了混凝土的易裂性。

2.2.2.2 误区之二:高流动性就是高性能

混凝土拌合物的流动性从10年前普遍的70~90 mm发展到现在大量预拌混凝土的180~200 mm,甚至已经有自密实的混凝土的浇筑,这也是混凝土技术的一种进步:减轻了振捣的劳动量,推动了预拌混凝土的发展,泵送高度已可达300 m,并大大减少了“蜂窝”、“狗洞”等质量事故,提高了混凝土的匀质性。目前,很多人以高流动性作为高性能混凝土的特征。影响混凝土流动性的因素是用水量和高效减水剂,而影响相同流动性混凝土用水量的主要因素是集料的质量。较大的用灰量和用水量组成了较大的浆骨比是混凝土收缩增加的一个因素。如果能将混凝土用水量降低到150 kg/m^3 以下,则抗裂性就会得到较大改善。国内外的实践表明，掺入大量的粉煤灰后，因其存在大量玻璃微珠而能减小混凝土的需水量，同时可增加拌合物内部黏聚性而大大改善混凝土泌水、离析的性能，可减小拌合物与泵管之间的黏附力而增加可泵性，不能把流动性作为混凝土拌合物高性能的指标，而应当根据不同工程特点，注重拌合物的施工性能。坍落度的大小要服从于混凝土的匀质性和体积稳定性。

2.2.2.3 误区之三：限制掺入粉煤灰

从排斥粉煤灰到如今"Ⅰ级"粉煤灰供不应求，是我国混凝土技术的又一进步。许多人认为掺粉煤灰的混凝土就是高性能混凝土。但是大部分的掺量不超过20%，有的规范还规定掺量不大于15%，这种现状实际上仍然是20年前对掺合料水泥的指导思想的延续。实践证明，以简单取代的方法在使用硅酸盐水泥的混凝土中掺粉煤灰，在掺量不大于20%时，不仅对强度影响不大，对其他性能影响也不大，和普通硅酸盐水泥差别不大。许多人接受粉煤灰对混凝土耐久性的作用、降低混凝土温升、减小收缩和抗裂的作用等观点，但潜意识里仍然是怀疑的。主要是：粉煤灰对混凝土的贡献对水胶比特别敏感，如果在较高水胶比下以粉煤灰等量取代水泥，所得到的强度，尤其是早期强度当然会下降很多；怀疑掺粉煤灰后混凝土的收缩和开裂性，所以不敢多掺。多数把掺量控制在20%左右，掺用的主要目的仍是经济效益；用现行标准的方法检测粉煤灰混凝土的抗冻性或抗路面盐冻剥落性变差。

高性能混凝土不是一个混凝土的品种而是强调混凝土的"性能"或者质量、状态、水平,或者说是一种质量目标。对不同的工程,高性能混凝土有不同的强调重点(即"特殊性能组合")。由于要求混凝土结构的耐久性,混凝土首先就必须是体积稳定的、匀质的,开裂了的当然就不能称之为高性能。

2.3 我国混凝土外加剂发展分析

混凝土外加剂在混凝土中的广泛应用,已使其成为混凝土中必不可少的组分。混凝土外加剂的特点是品种多、掺量小,在改善新拌和硬化混凝土性能中起着重要的作用,外加剂的研究和应用促进了混凝土施工新技术和新品种混凝土的发展。

2.3.1 我国混凝土外加剂的现状

2.3.1.1 高效减水剂

高效减水剂的品种,以原料来分,主要分为下列几类:①以萘为原料的萘磺酸钠甲醛缩合物;②以三聚氰胺为原料的磺化三聚氰胺甲醛树脂;③以蒽油为原料的聚次甲蒽磺酸钠;④以甲基萘为原料的聚次甲基萘磺酸钠;⑤以古马隆为原料的氧茚树脂磺酸钠;⑥以栲胶为原料的高效减水剂;⑦其他,最近研究开发的有胺基磺酸盐。

目前,90%以上的高效减水剂是萘系减水剂。密胺树脂系高效减水剂，在国内差不多是与萘系减水剂同时出现的，后来虽然出现了改性三聚氰胺产品等新品种，但使用上受到限制。由于萘系减水剂原料供应充分，价格也较为适中，预计在今后一段时间内，仍将是我国高效减水剂的主要品种。

2.3.1.2　膨胀剂及速凝剂

膨胀剂的主要特性是掺入混凝土后能起抗裂防渗作用，它的膨胀性能可补偿混凝土硬化过程中的收缩，在限制条件下成为自应力混凝土。速凝剂是调节混凝土（或砂浆）凝结和硬化速度的外加剂，它能加速水泥的水化作用，缩短凝结时间，用于喷射混凝土施工。速凝剂的主要品种有：①红星一型速凝剂（$NaAlO_2$、石膏等）；②711 型速凝剂（$NaAlO_2$、石膏等）；③阳泉Ⅰ型（$NaAlO_2$、CaO、ZnO 等）；④尧山型（$NaAlO_2$）；⑤731 型（$NaAlO_2$）；⑥782 型（$NaAlO_2$、矾泥、石灰）；⑦785 型（水玻璃、重络酸竹等）。

2.3.1.3　木质素类外加剂和缓凝剂

木质素类外加剂，是常用的普通型减水剂，也是一些复合型外加剂的主要原料之一。木质素类减水剂年产量约 8 万 t，从现在情况来看，木质素类资源尚未得到充分利用。缓凝剂目前主要使用的产品有糖钙、糖蜜等，这种缓凝剂主要用于缓凝或作其他外加剂的复合组成。用做缓凝剂的还有羟基酸（柠檬酸、酒石酸、葡萄糖酸、水杨酸、乙酸、马来酸、单宁酸、乙糖酸等）、碳水化合物（蔗糖）或其他一些化合物（丙三醇、聚乙烯、甲基硅铝酸钠、对氨基苯磺酸）等。此外，复合型外加剂是根据工程需要，以上述的各种组分为主，再加入其他组分复合而成。如防冻剂、早强减水剂、泵送剂、防水剂、引气减水剂、缓凝减水剂、缓凝高效减水剂，水下混凝土用外加剂、灌浆剂等。

外加剂生产的发展，基本上满足了我国当前经济建设的需要，满足了混凝土施工新技术需要。但统计资料表明，我国外加剂生产中也存在一些问题，主要有：企业规模大的少；无产品质量检验设备仪器，产品出厂心中无数；需要加强环保治理；市场供销情况不稳定等。

2.3.2 今后发展方向

2.3.2.1 进一步提高高效减水剂的质量

一方面，虽然我国目前外加剂性能基本上是良好的，除了不合格产品外，各种品牌外加剂的质量存在一定的差距，因此外加剂生产厂在提高产品质量上是有文章可做的；另一方面，与国外相比，有些产品存在一定的差距，特别是在低掺量时，高效减水剂产品，减水和分散效果较差。过去生产的低浓、高效减水剂较多，今后要提高高浓、高效减水剂的比例，降低高效减水剂产品中 Cl^- 和水不溶物的含量，以满足高强高性能混凝土和生产液体外加剂的需要。

2.3.2.2 研究开发新型外加剂

过去我国混凝土工程所用混凝土强度等级较低，高等级混凝土的用量较少，目前混凝土向高强高性能混凝土方向发展，要求混凝土具有很好的耐久性，提高混凝土耐久性的关键之一是提高混凝土的密实性。因此，制备高强高性能混凝土要求外加剂的减水率高，并使混凝土具有很好的工作性。外加剂研究开发中的几个热点问题分述如下。

1）聚羧酸盐系

（1）烯烃－马来酸碱共聚物。这是一种非水溶性的反应性高分子的微细粒子，在碱性介质中才慢慢转化为水溶性的高分子聚合物，这种化合物以缓放的方式来防止混凝土坍落度损失。

（2）丙烯酸氨共聚物。这种共聚物对水泥粒子有很强的分散能力，在低水胶比（0.2）的情况下，采用该种外加剂比掺萘系有更好的流动性，这种性能与丙烯酸氨共聚物的化学结构有关，影响这种性能的因素包括分子量、磺酸基、羟基和阴离子的比例。

2）氨基磺酸盐系

为了适用配制高强高性能的需要，有时将分散性（减水剂）成分和保持分散性成分或将具有保持分散性（减水剂）的成分复合在一起，以求取得更好的效果。

3）膨胀剂

我国现在虽然生产的膨胀剂品种较多，但大多数掺量大、碱含量较高，今后应进一步开发低碱和低掺量膨胀剂，为了适应商品混凝土生产需要，还应进一步开展液体膨胀剂的研究。

4）改进木质素外加剂的研究

目前，我国木质素减水剂的生产虽然不少，但化学改性木质素减水剂的开发尚属空白，大多是搞复合产品的物理改性。国外化学改性木质素外加剂较多，因木钙改性可用做高效减水剂。此外，我国当前外加剂中液体外加剂的用量日益增加，用原来的原料生产的液体外加剂沉淀物较多。目前，我国生产木钙和糖钙在工艺方面尚需改进，以解决液体减水剂中水不溶物较多的问题。

5）加强引气剂的开发研究

目前，引气剂虽有一些厂家生产，但优质的引气剂品种少。因此，应加强引气剂的开发研究。

6）加强复合外加剂的开发研究

各种复合外加剂是我国外加剂中众多的品种，但我国目前复合技术方面研究不够，一些复合外加剂的掺量大，有些也未能实现某些外加剂的叠加效果。国外的复合外加剂产品很多，但其掺量普遍比我们低。

7）积极开发矿物外加剂（或称掺合料）

配制高性能混凝土，掺矿物外加剂是一个重要技术措施。随着高性能混凝土的研究和应用，矿物外加剂将会得到广泛的应用。

2.3.3 发展混凝土外加剂市场

目前，我国掺外加剂混凝土仅占混凝土总量的30%左右，与先进国家的50%～80%比，差距仍然较大，外加剂生产仍有巨大的潜在市场。掺外加剂混凝土约为30%，这是就全国情况而言的，如前所述，像北京、上海、天津、沿海一些省市，掺外加剂混凝土远远高于上述比例，这些地区外加剂厂较为集中，外加剂供过于求。这些地区对外加剂应进行总量控制，结构方面进行调整，巨大的潜在市场在内地，这些地区的外加剂将有较大发展。同时，国内经济建设受国际经济的影响，出口有一定困难，为了推动国内经济增长，国家向基础设施建设投入了大量资金，国家大量的基础设施建设如高速公路、铁路、水利、市政等方面为外加剂的应用提供了巨大市场。

2.3.4 膨胀剂对混凝土防裂的意义

我国混凝土膨胀剂开发应用已有20多年的历史，在吴中伟院士的补偿收缩混凝土理论的指导下，取得了很大的成绩，膨胀剂的质量从高碱到低碱，从高掺到低掺。掺膨胀剂的补偿收缩混凝土的性能研究更系统，其应用技术更完善，应用范围不断扩大，尤其在混凝土裂渗控制方面已成为一个有效技术措施，但是膨胀剂质量的稳定性和应用技术上仍存在不足之处，有待进一步改进。回顾20年历程，膨胀剂的质量发展经历了高碱高掺、中碱中掺和低碱低掺的三个阶段，见表2-1。

膨胀剂的质量与其生产工艺有密切关系。我国绝大多数膨胀剂厂生产硫铝酸盐型膨胀剂，其膨胀源是钙矾石（$C_3A \cdot 3CaSO_4 \cdot 32H_2O$），除石膏质量外，其活性高低主要取决于铝质膨胀熟料的质量。研究表明，钙矾石的形态、生成速度和数量对水泥膨胀有直接影响。当水泥－膨胀剂系统中 CaO 和 $CaSO_4$ 满足的条件下，膨胀速率和大小主要取决于含铝组分的活性高低和数量。所以,膨胀剂的质量与含铝组分有直接关系,由此形成我国混凝土膨胀剂研究的发展史。在20世纪80年代初,在明矾石膨胀水泥的基础上,研制成功明矾石膨胀剂(EA-L),它是以明矾石作含铝组分,明矾石主要矿物为硫酸铝钾[$2KAl_3(SO_4)_2 \cdot (OH)_6$],它在碱和硫酸盐激发下形成钙矾石。但这种膨胀剂效能较低,掺量为15%~20%,碱含量达1.5%~2.0%,目前已被淘汰。

表2-1 我国膨胀剂质量的发展

阶段	年份	碱含量(%)	掺量(%)	品牌代表
高碱高掺	1980~1985年	1.53~1.80	15~20	EA-L
中碱中掺	1986~1997年	0.8~1.0	10~12	USA-Ⅰ、UEA-Ⅱ、PNC、FS
	1998~2000年	0.50~0.75	10~12	UEA-Ⅲ、AEA、CEA、PNC、HEA
低碱低掺	2000年以后	0.25~0.50	7~8	UEA-Ⅳ、ZY、CSA

1985~1989年,先后研制成功复合膨胀剂CEA,铝酸钙膨胀剂AEA和U型膨胀剂UEA。CEA是用含有f_{CaO}=30%~40%的高钙膨胀熟料与明矾石和石膏磨制而成,以$Ca(OH)_2$和钙矾石作为膨胀源,属氧化钙-硫酸钙类膨胀剂。AEA是用高铝水泥熟料、明矾石和石膏磨制而成,高铝水泥熟料中的铝酸钙CA和CA_2分别与石膏水化反应生成钙矾石而产生膨胀。CEA和AEA掺量为10%~12%,碱含量为0.4%~0.8%。

UEA 膨胀剂的膨胀源也是钙矾石，但其生产工艺进行了更新换代的发展。1985 年，第一代 UEA－Ⅰ膨胀剂是用硫铝酸钙（CSA）膨胀熟料，明矾石和石膏磨制而成，其中 CSA 熟料是用石灰石、矾土和石膏配制成生料，在回转窑经 1 350 ℃左右煅烧而成，熟料中主要矿物为硫铝酸钙（C_4A_3S）、CaO 和 $CaSO_4$，它们经水化反应形成钙矾石。根据吴中伟院士提出的“干缩和冷缩联合补偿模式”设计 UEA 工艺配方，水化较快的 C_4A_3S 主要补偿混凝土冷缩，而水化较慢的明矾石主要补偿混凝土干缩。1989 年第二代 UEA－Ⅱ，它是用硫酸铝盐熟料、明矾石和石膏磨制而成，熟料中的 $Al_2(SO_4)_3$、$Al(OH)_3$ 与 $CaSO_4$ 和 $Ca(OH)_2$ 水化反应生成钙矾石。UEA－Ⅱ具有双膨胀效能，掺量为 10%～12%，但它的缺点是水化较快，造成混凝土坍落度损失较大。另外，它碱含量较高，R_2O＝1.7%～2.0%，对防治碱－集料反应带来不利影响。

1995 年第三代 UEA－Ⅲ，又名硅铝酸盐膨胀剂，膨胀熟料中的偏高岭石（$Al_2O_3 \cdot 2SiO_2$）和 Al_2O_3，在碱和硫酸盐激发下生成钙矾石。由于熟料中碱含量 R_2O＝（Na_2O＋0.658K_2O）＝0.5%～0.8%，所以 UEA－Ⅲ的碱含量小于 0.75%，成为低碱膨胀剂。其掺量为 10%～12%，具有较好的补偿收缩性能，对混凝土坍落度损失较小，基本不存在碱－集料反应。

第四代 UEA－Ⅳ，又名 ZY 膨胀剂。它是用铝酸钙－硫铝酸钙熟料和石膏磨制而成，其中熟料是用矾土、石灰石和石膏配制成生料，在回转窑中经 1 340 ~ 1 380 ℃煅烧成特种膨胀熟料，其主要矿物组成为铝酸钙 CA 和 CA_2，以及硫铝酸钙 C_4A_3S，这三种含铝矿物的水化速度不同，它们分别与 $CaSO_4$ 水化生成钙矾石。ZY 膨胀剂具有较大的膨胀性能，其掺量为 6% ~ 8%，碱含量为 0.2% ~ 0.4%，属于低碱低掺量膨胀剂。

我国生产膨胀剂厂家较多，组分也不尽相同，但原理一致，我国主要膨胀剂组成见表 2-2。

表 2-2　我国主要膨胀剂的组成

膨胀剂品种	品牌	基本组成	标准掺量（%）	碱含量（%）
明矾石膨胀剂	EA－L	明矾石、石膏	15	2.5 ~ 3.0
U－Ⅰ型膨胀剂	UEA－Ⅰ	硫铝酸钙熟料、明矾石、石膏	12	1.0 ~ 1.5
U－Ⅱ型膨胀剂	UEA－Ⅱ	硫酸铝盐熟料、明矾石、石膏	12	1.7 ~ 2.0
U－Ⅲ型膨胀剂	UEA－Ⅲ	硅铝酸盐熟料、明矾石、石膏	12	0.5 ~ 0.75
硫铝酸钙膨胀剂	CSA	硫铝酸钙熟料、石膏	8	0.4 ~ 0.6
ZY 膨胀剂	ZY	铝酸钙－硫铝酸钙熟料、石膏	8	0.3 ~ 0.5
复合膨胀剂	CEA	石灰系熟料、明矾石、石膏	10	0.4 ~ 0.70
铝酸钙膨胀剂	AEA	高铝水泥熟料、明矾石、石膏	10	0.5 ~ 0.70

此外，类似日本的硫铝酸盐膨胀剂（CSA）（以高铝水泥熟料、硫铝酸盐熟料、石膏为主要成分）和分散型的

FEA 膨胀剂、低掺 UEA 膨胀剂。

2.4 小 结

(1)在收集和分析国内外相关工程资料的基础上,分析讨论了混凝土工程的发展历程和趋势。

(2)论述了高性能混凝土技术发展和应用的现状,分析了高性能混凝土的特点和推广应用中的误区。

(3)分析了高效粉煤灰和各种混凝土外加剂的特点,探讨了高效粉煤灰和混凝土外加剂在高性能混凝土抗裂中的作用,分析了各种添加剂对防止混凝土裂缝产生的效应。

第3章 水工混凝土裂缝的形成和危害性分析

3.1 产生温度应力的条件

自由板或自由墙无应力温度场的条件是：当混凝土板受热升温时，体积将受热膨胀，反之将收缩。如果板的混凝土单元体不受任何限制，可以自由伸缩，混凝土体内将不产生应力。大家知道自由温度变形只有在满足下述条件时，才能出现，即当板体不和处于另一力学变形或温度变形的物体相联系时，板体内各点的温度相同，即：①板体的温度场呈均匀变化；②板体的温度场呈线性变化。

除此以外，温度场如果按其他规律变化，或当所研究物体与其他物体发生联系，这些物体内，即将产生温度应力。它们不仅和物体的线膨胀系数有关，而且还和组成物体材料的物理力学性能（变形模量 E 和泊松比 μ）及热学性能也有关。

在实际工程中，上述两种条件事实上都是不能满足的，由于混凝土必须浇筑在基岩或老混凝土上，不但它们的初始温度条件不同，而且它们的物理力学性能也有差别。混凝土的温度变形，在基岩面上要受基岩约束，因而要产生温度应力。在混凝土内部，由于先后浇筑的时间不同,散热条件和水泥用量不同,混凝土内将出现非线性温度场分布,出现变形不一致的现象,因而在混凝土内部也要产生温度应力。在基岩(或老混凝土)附近,基岩(或老混凝土)的约束影响大,温度应力主要受基岩的约束条件控制,在脱离基岩约束的部位,主要受混凝土内部非线性温度场的约束条件控制。浇筑层面的表面裂缝,主要由水平方向的非线性温度场所决定,垂直方向的裂缝(在脱离基岩约束区以后),主要由垂直方向的非线性温度场所造成,并与坝块浇筑的长间歇期有关。减小约束条件,降低混凝土发热量是减小温度应力的主要措施,也是防止或减小严重危害性裂缝发生和发展的主要措施。

3.2 混凝土抗裂能力

如果混凝土块体因温度变化受到约束产生的应力 σ 大于混凝土允许抗拉强度 R_L,将产生裂缝;反之当产生的应力明显小于混凝土允许抗拉强度时,则不会产生裂缝。用判别式表达即为

$$\sigma < R_L/K \quad \text{防止裂缝}$$

$$\sigma = R_L \quad \text{临界状态}$$

$$\sigma > R_L \quad \text{产生裂缝}$$

式中 K——安全系数。

同理,也可以从应变角度来判别,即如果混凝土块体因温度变化受到约束产生的应变 ε 大于混凝土极限拉伸

值 ε_P 将导致产生裂缝;反之当产生的应变明显小于混凝土极限拉伸值则不产生裂缝。相应判别式为

$\varepsilon < \varepsilon_P/K$ 防止裂缝

$\varepsilon = \varepsilon_P$ 临界状态

$\varepsilon > \varepsilon_P$ 产生裂缝

由上可知,混凝土抗裂能力与温度应力(应变)的大小和混凝土抗拉强度(极限拉伸值)有着密切关系。下面对影响混凝土抗裂能力因素提出以下几点认识:

(1)混凝土的干缩变形及应力都很大,但主要发生在混凝土表面10 cm以内,因此对水工大体积混凝土内部温度应力计算,可不予考虑;但必须对大坝表面进行严格养护,基本消除干缩的影响。

(2)混凝土自生体积变形的影响因素十分复杂,主要与水泥品种、混合材料和集料等有关。混凝土自生体积变形为膨胀受约束产生压应力,收缩则产生拉应力,为有利于防止裂缝,希望混凝土自生体积变形不收缩,最好能有一定的微膨胀。

(3)影响温度应力的因素中,泊松比 μ 值一般变化不大,为1/6左右;弹性模量 E 越高,一般徐变效应越小,温度应力越大;线膨胀系数 α 越大,温度应力越大,其主要与岩石类别有关,如石灰岩的 α 值仅为花岗岩的3/4左右;混凝土结构的温度降低值越大,温度应力越大,而降温值为其最高温度与稳定温度之差,所以影响结构最高温度的混凝土浇筑温度和水化热温升越高,温度应力

就越大。

(4)混凝土抗拉强度或极限拉伸值越高,其抗裂能力也越高。因此,改善混凝土性质、提高混凝土质量,就意味着改善与提高混凝土的抗裂能力。

从大体积混凝土施工过程分析,影响混凝土质量波动的因素有原材料、配合比、拌和、浇筑和养护等。如把混凝土质量作为随机变量,则经统计分析可以看出,混凝土质量越均匀,其离散程度就越小,即离差系数越小(或称均方差越小)。此外,还需使用有一定离散程度的混凝土质量,满足设计要求的保证率。由于混凝土结构裂缝往往是在温度应力较大或混凝土质量薄弱处发生,所以提高混凝土质量的均匀性,无疑将有利于提高混凝土的抗裂能力。这就是为什么大型水电工程要把混凝土施工质量均匀性指标(离差系数和保证率)也作为混凝土抗裂能力一个主要方面的原因。

综上所述,混凝土抗裂能力是受混凝土干缩、自生体积变形、弹性模量、徐变、线膨胀系数、浇筑温度、水化热温升、抗拉强度(极限拉伸值)等诸多因素制约的一个综合性指标。从理论上讲,混凝土干缩较小,自生体积变形不收缩或有微膨胀、混凝土弹模较低、徐变度较大、线膨胀系数较小、浇筑温度和水化热温升较低、抗拉强度较高、施工质量均匀性较好的混凝土,其抗裂能力就较高。然而实际上由于上述影响因素中有的互相制约,所以很难寻求到一种各项因素均最优的混凝土,在设计和施工中通常是结合具体工程和自然条件,尽量利用有利于混凝土抗裂能力的因素,避免或改变不利于混凝土抗裂能力的因素,以求实际的混凝土抗裂能力满足设计要求。

3.3 大体积混凝土裂缝的形成和发展

水工混凝土温度裂缝是由于混凝土的温度变形受约束而产生的,在大体积混凝土坝中,一般有两种显著的约束情况。一种是混凝土浇筑在比较坚硬的基岩或老混凝土上时,混凝土浇筑初期的水化热升温,产生膨胀,受到岩石或老混凝土约束,将产生较小的压应力,这是因为早龄期混凝土的弹性模量小,还处在塑性状态,所以当后期出现较小的温降时,即可将压应力抵消。而当混凝土温度继续下降时,由于基岩(或老混凝土)对降温引起的收缩变形约束的结果,混凝土块内将出现较大的拉应力,但混凝土块由最高温度降至稳定温度场或施工期稳定温度场,需要经历很长的时间。混凝土的强度和弹性模量在一定时间内,都会随着龄期而增长,只要对基础块混凝土进行适当的温度控制混凝块本身的抗拉强度,即可以防止开裂。因此,要达到防止裂缝的目的,并不是不可能的。最危险的情况是:当基础块混凝土在早龄期遇到气温骤降,在坝块表层首先出现表面裂缝,而在后期混凝土块继续降温过程中产生的拉应力,使表面裂缝不断向纵深发展,因而形成破坏大坝整体性的贯穿性裂缝。

另一种显著的约束情况是:在混凝土浇筑初期(一般

龄期在6～20 d以内)，当暴露的坝块遇到外界气温骤降袭击，其相邻的内部混凝土仍具有相当高的温度，内部热胀的混凝土约束了表层剧冷混凝土的自由收缩变形，由于时间短、加荷的速度快，混凝土的徐变性能不能发挥作用，约束程度接近于100%，并当拉应力(或极限拉伸)超过其极限抗拉强度(或极限拉伸)时，即将出现表面裂缝。

表面裂缝发展的另一种形式是当表面裂缝形成以后，仍然长期暴露，比如上、下游面或浇筑块顶面或拆模后的侧面。如果混凝土的内部温度很高，由于内部混凝土继续降温，形成一种非线性温度场，混凝土各单元之间变形不一致，形成一种约束(也是一种内部热混凝土约束外部冷混凝土的收缩变形)也将产生温度应力。这种温度应力将在表面裂缝端部形成应力集中，使表面裂缝向纵深发展，如果这些裂缝坝块是在接近基础约束区，可使基础贯穿裂缝向约束区以上发展；如果这些表面裂缝是出现在脱离基础约束区较远的部位，则将发展成深层裂缝。所以，防止裂缝首要的是防止表面裂缝，特别是基础部位、上游迎水面或其他结构应力集中的部位。

坝块表面裂缝的发生和发展，不仅和坝块的温度、混凝土的强度与浇筑质量、混凝土的龄期、外界气温、结构形式和坝块尺寸等有关，也和坝块在施工过程中所处的位置、拆模时间等有密切的关系。根据在丹江口工程长期观察的结果，上面提到的这些因素都是影响表面裂缝的产生和发展的重要因素。在一般情况下，由于气温骤降在混凝土表层引起的温度应力与混凝土的抗裂能力是主要矛盾。当混凝土的强度和浇筑质量较差，混凝土的抗裂能力不能保证时，矛盾的主要方面是混凝土的抗裂能力；但当混凝土的抗裂能力得到保证时，矛盾的主要方面就将转化为气温骤降引起较大的温度应力。此外，在某些特定的条件下，其他的一些因素也可能转化为主要矛盾。

《混凝土重力坝设计规范》(DL/T 5108—1999)对防止混凝土表面温度骤降有如下的规定："混凝土表面裂缝多数发生在浇筑初期，而初期的表面温度骤降是引起表面裂缝的主要原因，当日平均气温在 2 ~4 d 内连续下降 6 ~9 ℃时，未满 28 d 龄期的混凝土在暴露表面，可能产生裂缝(龄期 5 d 以前，一般不易开裂)，因此在基础部位的混凝土、上游面以及其他重要部位，应有表面保护措施。严寒地区应特别重视混凝土的表面保护，其标准和范围可另行研究。"以上的规定，是十分必要的。因为气温骤降在混凝土表层，将引起急剧的降温，由于混凝土为热的不良导体，这时内部混凝土仍处于高温阶段，因此在表层将形成很陡的温度梯度，严重限制表层混凝土的急剧收缩，使混凝土的徐变性能不能发挥作用。必须指出，在龄期 3 ~5 d 拆模的混凝土，使表层混凝土突然暴露在较冷的空气中，也相当于一次气温骤降，因此拆模后必须立即进行保温。据美国混凝土学会杂志(A. C. I)的资料统计："一个缓慢的降温，混凝土承受降温的数值(可考虑在几个星期内发生的）比陡降甚至可以大 3～4 倍，由于很缓慢的降温，徐变作用大约可以减小混凝土的变形模量 2/3 左右，其余的部分，由于大体积混凝土和基岩或上下层的温度变形一致，而降低了约束的程度。”所以，气温骤降，是很容易在混凝土表层产生裂缝的，如果这些裂缝是出现在基岩面附近，由于坝体后期的均匀降温、受基岩约束产生的温度应力，将在这些裂缝出现的部位形成应力集中，逐步发展成基础贯穿裂缝。如果这些裂缝是出现在脱离基础约束范围以外，则在经历一个较长降温过程以后，如果内部的温度比较高，在混凝土块内部将形成一个梯度比较陡的非线性温度场，从而使裂缝向纵深发展，形成深层裂缝。因此，如何减小内外温差是一个重要问题。

在约束条件下，混凝土浇筑块产生的温差 ΔT 引起的温度变形 ε 是 ΔT 与热膨胀系数 α 的乘积 $\alpha \cdot \Delta T$。当 $\alpha \cdot \Delta T$ 超过混凝土的极限拉伸值 ε_p 时，就会出现裂缝，即

$$\alpha \cdot \Delta T \geqslant \varepsilon_p \tag{3-1}$$

但是，由于混凝土存在徐变和塑性变形，并且不可能受到绝对约束，因此式(3-1)应修正为

$$\alpha \cdot \Delta T / K \geqslant \varepsilon_p \tag{3-2}$$

因此

$$\Delta T \geqslant K \cdot \varepsilon_p / \alpha \tag{3-3}$$

试验表明，K 值为 5～6，故 $\Delta T \geqslant 25$ ℃。

通过式(3-1)可以明了大体积混凝土的防裂问题主要靠采取如下措施来解决：提高混凝土极限拉伸能力，降

低温差，改变约束条件等。但是提高混凝土极限拉伸能力和改变约束条件有时是不可能的，所以只能通过降低温差来解决大体积混凝土的防裂问题，亦即控制混凝土的内外温差 ΔT 不大于 30 ℃。

对于大体积混凝土的温度控制，主要考虑三个特征值：浇筑温度 T_p；最高温度 $T_m = T_p + T_r$（T_r 为混凝土的水化热温升）；最终稳定温度 T_f。因此，混凝土内外所形成的温差为

$$\Delta T = T_p + T_r - T_f \tag{3-4}$$

T_f 主要取决于环境及保温措施等条件，而且受气候的影响很大，往往难以人为控制，所以要控制温差的主要途径是降低 T_p 和 T_r。T_p 越高，水泥的水化反应速度越快，如当 T_p 为 20 ℃时，第一个 24 h 内水泥水化产生了 7 d 全部水化热的 43%；当 T_p 为 30 ℃时，第一个 24 h 内水泥水化产生了 7 d 全部水化热的 62.5%，混凝土达到最高温度的时间缩短了，因而减少了可利用的散热时间，不利于降低混凝土的最高温度。T_p 取决于各种原材料的初始温度，为了尽可能降低 T_p，在搅拌混凝土时应对原材料进行降温或在环境温度较低的时间进行施工。T_r 取决于水泥的性质和龄期，其关系式为

$$T_r = C_0 H_0 / (\rho_c C_c) \cdot (1 - e^{-at}) \tag{3-5}$$

式中 C_0——单位水泥用量，kg/m^3；

ρ_c——混凝土的表观密度，kg/m^3；

H_0——水泥的水化热，J/kg；

C_c——混凝土的比热,kJ/(kg·℃);

a——试验常数,与水泥的放热速率有关,概值为:中热硅酸盐水泥为0.9,普通水泥为1.0,早强水泥为1.2;

t——天数,d。

如果取 $C_c=0.88$ kJ/(kg·℃),$\rho_c=2\ 400$ kg/m^3,则

$$T_r = 4.73 \times 10^{-4} C_0 H_0 (1 - e^{-at}) \tag{3-6}$$

即水化热温升主要取决于水泥用量、水化热、水泥的性质与龄期。因此,配制大体积混凝土时,要采用水化放热量和放热速率较低的水泥,并尽最大可能减少水泥用量,延缓水泥的水化放热速率,从而保证混凝土内部的水化热有足够时间散发出去,以降低内外温差。

3.4 裂缝的危害性

水工建筑物的基础贯穿裂缝或深层裂缝一旦形成以后,它的危害性是十分严重的。这些裂缝破坏了结构的整体性,改变了设计安排的应力分布图形,改变了混凝土建筑物的受力条件,从而有使局部甚至整体结构发生破坏的可能。即使是一般的表面裂缝对混凝土的耐久性也是有损害的,温度应力和结构应力叠加,对整个结构的应力状态,在运行阶段具有不容忽视的影响,所以温控设计与结构设计具有同等重要的意义。

水工混凝土通常为大体积混凝土,由于水泥水化产生大量的水化热,使混凝土内外存在温差,形成拉应力,

当这种温度应力超过混凝土的极限抗拉强度时，混凝土即会出现裂缝。因此，控制大体积混凝土裂缝，主要是控制内外温差。混凝土裂缝一旦形成，混凝土内的氧化钙就会随裂缝中的渗水析出，使混凝土强度明显降低，并加快表面风化；如果是钢筋混凝土，裂缝的存在会使钢筋很快锈蚀，断面减小直至断裂，从而破坏了结构的整体性，改变了设计安排的应力分布图形，改变了混凝土建筑物的受力条件，使结构发生破坏。

工程实践中，各类混凝土温度裂缝危害性各不相同，具体为：

(1)基础贯穿裂缝。基础贯穿裂缝危害性较大，影响结构的整体性与安全，防止基础贯穿裂缝是大体积混凝土温控设计的主要目标。结构一旦发生这类裂缝，必须查清原因，认真处理，消除影响并防止继续向上发展。

(2)深层裂缝。这些裂缝因工程中比较常见，需根据发生的部位及裂缝危害性，结构内温度状态及边界条件做妥善处理，以防继续发展为基础贯穿裂缝。

(3)表面裂缝。表面裂缝的危害性较小，但也视发生的部位及结构内温度状态而定。如果位于基础约束区等敏感部位，且块体内部温度较高，须做适当处理，以防止它继续发展和恶化，而成为基础贯穿裂缝或深层裂缝。

(4)网状裂缝。网状裂缝主要是由块体表面混凝土干缩引起的，因此混凝土浇筑后，必须及时洒水保湿养护。虽然网状裂缝本身危害性不大，但混凝土干缩会与结构降温收缩相叠加,共同产生危害性较大的裂缝。

国内外经验表明,在恰当而适度的温度控制条件下,水工大体积混凝土的裂缝是可以防止的。由于种种原因仍可能发生一些裂缝,但这些裂缝主要是表面裂缝,即使出现个别深层或贯穿裂缝,通常也是由表面裂缝发展形成的。因此,防止结构裂缝,应把防止表面裂缝和贯穿裂缝视为同样重要的两个方面,尤其是结构约束区。

3.5 小 结

(1)探讨了温度变化对混凝土闸板(墙)结构的影响,分析了不同温度场条件下温度应力产生的条件,研究了水工混凝土温度裂缝形成的原因以及影响混凝土抗裂能力的因素。

(2)分析了水工混凝土结构裂缝的类型,并从混凝土裂缝形成和发展角度,阐述了不同裂缝的产生和发展将对水工建筑物产生危害性。

第4章　临淮岗船闸底板混凝土温度应力计算分析

4.1　临淮岗船闸底板混凝土力学变形性能

4.1.1　问题的提出

温度应力是水工结构设计的主要应力数据之一；是防止施工期和运行期水工混凝土裂缝而采取温控防裂措施的主要设计依据；也是水工建筑物运行期和外部荷载及其他荷载(比如干缩等)叠加后，计算应力分布图形，决定混凝土分区或采取加筋措施的主要依据之一。即借助温度应力计算，可以提供最合理的温控防裂方案，甚至在运行期，还可以利用温度应力叠加的结果，改善水工结构某些特殊部位的应力分布。当然，要做到计算的结果和现场一致，或者说基本一致，也并非容易的事情。由于混凝土建筑物是非均质体，它的材料组成不同，就会影响它的物理力学性能和热学性能，何况它的外部环境也是千差万别的，基础岩石不同，地区不同，季节不同，外部的气温、水温就会不同，部位不同，它对日照、风力、散热条件也会不同，要求得到比较准确、比较接近现场的这些条件，也是很困难的。本章中，结合临淮岗船闸底板设计要求和工地现场条件,在对混凝土力学变形性能进行试验研究的基础上,对底板混凝土温度应力进行计算。

4.1.2 临淮岗船闸底板混凝土原材料选择和配合比确定

4.1.2.1 原材料选择的主导思想

根据冬季气温条件,在混凝土的强度和抗冻、抗渗要求均不高的情况下,原材料选择的主导思想是:尽量减小混凝土的温度变形,要对水泥品种及其用量进行选择和控制。具体措施包括:①使用水化热低的水泥,不使用水化热高的普通硅酸盐早强水泥;②尽量降低水泥用量;③选择高效减水剂;④掺用优质粉煤灰;⑤采用合理施工方法,主要是运输方法,尽量不要采用泵送混凝土施工;⑥精心设计,尽可能采用较大粒径集料,采用优良的集料级配(包括砂率),使集料的空隙率和表面积最小,从而最终使混凝土的水泥用量达到最小。

但临淮岗船闸底板混凝土部分原材料根据工程材料供应招标情况,原则上先确定水泥、集料和粉煤灰等原材料,进行原材料质量检验,合格后进行普通配合比设计与试配,在满足设计强度等级要求的基础上,考虑施工、裂缝控制等因素,选择泵送剂等外加剂,通过设计与试验确定最终施工配合比。在此过程中,考虑使用水化热最小的胶体材料。

4.1.2.2 水泥的选择

适用于水工混凝土的水泥,目前常用的有52.5级中热硅酸盐水泥，42.5 级低热矿渣硅酸盐水泥，简称低热矿渣水泥，普通 32.5 硅酸盐水泥等。根据临淮岗船闸工程材料供应招标结果，其水泥品种为安徽海螺集团生产的海螺牌 32.5 级和 42.5 级普通硅酸盐水泥，船闸底板设计混凝土强度等级为 C20，故选择普通 32.5 级硅酸盐水泥进行试验，结果见表 4-1。

表 4-1　水泥试验结果

水泥品种及强度等级	抗压强度（MPa）		抗折强度（MPa）		凝结时间（h:min）		标准稠度（%）	细度（%）	安定性
	3 d	28 d	3 d	28 d	初凝	终凝			
PO 32.5	19.7	36.0	4.8	7.9	3:10	4:55	30	1.4	合格
结论	样品检测各项指标合格								

4.1.2.3　集料试验

根据临淮岗地理位置等综合考虑，选择安徽金寨河砂、安徽淮南产碎石 5～20 mm 和 20～40 mm 两个粒级进行试验，结果见表 4-2、表 4-3。

表 4-2　细集料试验结果

砂子品种	表观密度（kg/m^3）	堆积密度（kg/m^3）	空隙率（%）	含泥量（%）	吸水率（%）	细度模数	平均粒径（mm）	级配区属
河砂	2 630	1 450	46.4	0.33	1.83	2.7	0.51	Ⅱ区
结论	样品检测各项指标合格							

表 4-3　粗集料试验结果

石子品种	表观密度（kg/m^3）	堆积密度（kg/m^3）	空隙率（%）	含泥量（%）	吸水率（%）	压碎指标（%）	针片状含量（%）	超径含量（%）	逊径含量（%）
碎石	2 723	1 628	40.2	0.5	0.45	10.1	12.6	4	0
筛孔尺寸（mm）	4.75	9.5	16.0	19.0	26.5	31.5	37.5	53.0	63.0
5～20	100	91	37	15					
20～40			100	99	78	45	4		
结论	样品两个粒级未满足规程指标，在使用过程中需作调整，其他检测各项指标合格								

4.1.2.4　**粉煤灰试验**

为进一步降低水化热，拟掺用一定比例的粉煤灰。经综合考查，选择安徽淮南平圩电厂的“常华牌”Ⅰ级粉煤灰，其质量指标见表4-4。

表 4-4　粉煤灰试验结果

粉煤灰品种	细度（%）	需水量比（%）	含水量（%）	烧失量（%）	SO_3 含量（%）
Ⅰ级	2.0	92.6	0.4	0.63	0.71
结论	样品两个粒级未满足规程指标，在使用过程中需作调整，其他检测各项指标合格				

4.1.2.5　**普通混凝土配合比设计**

1）选择混凝土配制强度

根据《水工混凝土结构设计规范》（DL/T 5057—

1996)规定,混凝土抗压强度保证率为95%。按照《水工混凝土施工规范》(DL/T 5144—2001)要求,混凝土配制强度计算式为$f_{cu,0}=f_{cu,k}+t\sigma$,式中$\sigma$按《水土混凝土施工规范》(DL/T 5144—2001)中表6.0.2取值,考虑本工程混凝土生产系统为拌和楼,自动化程度高,且从经济及施工单位总体管理水平综合考虑,σ取2.5 MPa,则C20混凝土的配制强度$f_{cu,0}=24.1$ MPa。

2)确定混凝土 W/C

用上述原材料进行混凝土配合比试验,试验配合比见表4-5,28 d C/W 与f_{cu}的关系试验结果见表4-6。

表 4-5　试验配合比

W/C	水	水泥	砂	小石	中石	坍落度
0.66	195 kg	295 kg	733 kg	599 kg	599 kg	5~7 cm

表 4-6　$C/W\sim f_{cu}$关系试验结果

试件编号	临船-1	临船-2	临船-3	临船-4	临船-5	临船-6	临船-7	临船-8	临船-9
W/C	0.75	0.70	0.65	0.60	0.55	0.50	0.45	0.40	0.35
C/W	1.333	1.429	1.538	1.667	1.818	2.0	2.222	2.5	2.857
龄期(d)	28	28	28	28	28	28	28	28	28
抗压强度(MPa)	20.1	22.0	24.6	27.5	29.8	34.6	39.7	46.3	54.5

根据试验结果绘制出C/W与混凝土28 d抗压强度关系曲线如图4-1所示,通过$f_{cu,0}=24.1$ MPa从图中查得C/W为1.52,则$W/C=0.66$。按照《水工混凝土施工规

范》(DL/T 5144—2001)对耐久性的要求,最大水胶比不应超过表6.0.5中最大允许值。考虑船闸工程底板混凝土不处于水位变化区,无抗冻要求,且基本不受冲刷,*W/C*即按0.66进行混凝土配合比设计,结果见表4-5中混凝土配合比。

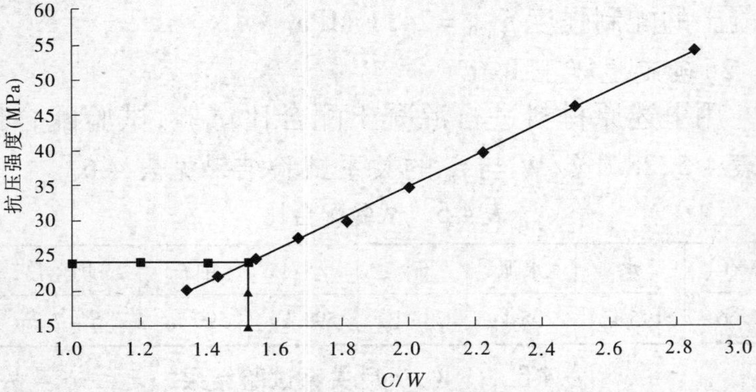

图4-1 *C/W* 与混凝土28 d抗压强度关系曲线

4.1.2.6 外加剂选择

1)外加剂初选

外加剂生产厂家众多,通过调查比较,选择南京瑞迪科技有限责任公司生产的HLC-NAF_2(冬季型)高效泵送剂;南京友西科技有限责任公司生产的UC-Ⅱ(冬季型)高强高效泵送剂;安徽蒙城振华工贸股份有限公司生产UEA型高效减水剂以确定的普通配合比作初步对比试验。考虑到施工采用混凝土泵,坍落度控制在14~16 cm,同时考虑水泥强度的波动性、粉煤灰早期强度增长慢的特点,并参照临淮岗12孔深孔闸C20混凝土配合比,水灰比采用0.55。

因UEA型高效减水剂的使用，在混凝土成型过程中，经过24 h未出现初凝现象，故该产品不能使用。对HLC－NAF_2高效泵送剂和UC－Ⅱ冬季型高强高效泵送剂进行对比试验，其结果见表4-7。

表4-7　外加剂对比试验

试验编号	外加剂名称	掺量（%）	减水率（%）	坍落度（cm）	实际减水率（%）	28 d抗压强度（MPa）	水灰比
1	未掺	未掺	—	14.0	—	26.2	0.55
2	UC－Ⅱ	1.2	15	4.5	2.1	27.1	0.55
3	HLC－NAF_2	1.2	15	6.5	4.8	30.7	0.55
4	UC－Ⅱ	1.4	15	8.8	7.9	30.5	0.55
5	HLC－NAF_2	1.4	15	9.5	8.8	31.3	0.55

注：1. 泵送剂的掺量和减水率由厂方提供。

2.“4”的UC－Ⅱ是在“2”的UC－Ⅱ掺量后厂方提出调整的。

3. 实际减水率是坍落度与不掺的相比，坍落度每±1 cm，加水量±2.5 kg计算。

在UC－Ⅱ掺量为1.2%时，实际减水率仅为2.1%，28 d强度达到不掺的103.4%；在掺量UC－Ⅱ为1.4%时，实际减水率7.9%，28 d强度达到不掺的116.4%。在HLC－NAF_2掺量为1.2%时，实际减水率为4.8%，28 d抗压强度达到不掺的117.2%，在HLC－NAF_2的掺量为1.4%时，实际减水率为8.8%，28 d抗压强度达到不掺的119.5%。通过表4-7的试验对比可见，无论掺量为1.4%还是掺量为1.2%，HLC－NAF_2比UC－Ⅱ的减水效果好，HLC－NAF_2强度也比UC－Ⅱ强度高，两种外加剂的28 d强度均比未掺外加剂有所提高。

2）外加剂最终选择

用UC－Ⅱ掺量1.4%的和HLC－NAF_2掺量1.2%的两种外加剂进行双掺对比试验。和易性及强度试验结果见表4-8和表4-9。

表4-8　UC－Ⅱ与粉煤灰双掺量试验

试验编号	掺量（%）	粉煤灰掺量	初始坍落度（cm）	30 min坍落度（cm）	60 min坍落度（cm）	抗压强度（MPa）		实际水胶比
						7 d	28 d	
临船－17	1.4	0	17.5	12.6	9.2	15.4	23.1	0.55
临船－18	1.4	10%×1.4	20.0	18.3	17.9	15.9	23.9	0.53
临船－19	1.4	20%×1.4	20.5	19.2	19.0	15.5	25.6	0.51
临船－20	1.4	30%×1.4	21.5	20.5	18.0	11.9	19.9	0.49
临船－21	1.4	40%×1.4	22.0	20.0	19.7	8.6	14.6	0.47

注：UC－Ⅱ掺量为胶凝材料的1.4%，粉煤灰采用超量替代法，超量系数1.4，等量替代水泥部分用百分数表示，如20%×1.4表示替代水泥20%，超量系数1.4。

表4-9　HLC－NAF_2与粉煤灰双掺量试验

试验编号	掺量（%）	粉煤灰掺量	初始坍落度（cm）	30 min坍落度（cm）	60 min坍落度（cm）	抗压强度（MPa）		实际水胶比
						7 d	28 d	
临船－22	1.4	0	12.0	5.2	4.5	18.2	25.0	0.60
临船－23	1.4	10%×1.4	15.7	9.5	6.4	15.0	23.0	0.58
临船－24	1.4	20%×1.4	18.5	16.0	12.5	17.5	24.3	0.56
临船－25	1.4	30%×1.4	19.7	17.5	17.0	11.4	19.7	0.54
临船－26	1.4	40%×1.4	20.5	19.5	17.0	8.9	14.1	0.52

注：HLC－NAF_2掺量为胶凝材料的1.2%，粉煤灰采用超量替代法，超量系数1.4，等量替代水泥部分用百分数表示，如20%×1.4表示替代水泥20%，超量系数1.4。

从表4-8中可以看出UC－Ⅱ与粉煤灰的适应性较

好。掺入粉煤灰后,坍落度明显增大,经时坍落度损失明显减小。掺粉煤灰20% ×1.4 的1 h 坍落度损失 1.5 cm,满足《混凝土泵送施工技术规范》(JGJ/T 10—1995)的要求,UC－Ⅱ对粉煤灰的激发作用较明显。从粉煤灰替代水泥量10%和20%,超量系数为1.4 的抗压强度看,7 d 和28 d 抗压强度均超过不掺粉煤灰的混凝土强度。从表4-9 可以看出,HLC－NAF_2 与粉煤灰双掺混凝土坍落度有较大改善,特别是粉煤灰掺量大于等于20% ×1.4 时,改善较为明显,但粉煤灰掺量20% ×1.4 的1 h 坍落度损失为6.0 cm,不满足规范要求,7 d 和28 d 的抗压强度均比不掺的混凝土强度低,粉煤灰掺量在30% ×1.4 和40% ×1.4 的坍落度损失较小。两种外加剂其粉煤灰掺量在30% ×1.4 和40% ×1.4 时,28 d 强度降低较为显著,不能满足现行标准用28 d 评定混凝土质量,不适宜采用。

由于掺入两种外加剂对混凝土和易性改善较大,为满足泵送混凝土和易性,特别是混凝土坍落度要求(根据输送泵性能选择坍落度为12 ~14 cm),通过调整用水量,重新设计配合比,并进行双掺对比试验。其试验结果见表4-10 和表4-11。

从表4-10、表4-11 可以看出,在相同条件下,其28 d 强度差别不大,基本一致,但UC－Ⅱ初始坍落度在满足泵送性能情况下,其经时坍落度损失较大,不满足《混凝土泵送施工技术规范》(JGJ/T 10—1995)要求,一旦发生机械故障维修时间过长将导致堵管现象，而 HLC－NAF_2 在满足泵送性能情况下，坍落度损失较小，适宜泵送。

表 4-10　UC－Ⅱ与粉煤灰双掺量调整试验结果

试验编号	掺量（%）	粉煤灰掺量	初始坍落度（cm）	30 min 坍落度（cm）	60 min 坍落度（cm）	抗压强度（MPa）		实际水胶比
						7 d	28 d	
临船－27	1.4	20%×1.4	12.8	7.3	6.5	14.8	23.8	0.55

注：1. UC－Ⅱ掺量为胶凝材料的 1.4%，粉煤灰采用超量替代法，超量系数 1.4，等量替代水泥部分用百分数表示，如 20%×1.4 表示替代水泥 20%，超量系数 1.4。

2. 配合比：水：胶凝材料：砂：石：外加剂＝0.55：1：2.72：3.87：0.014。

表 4-11　HLC－NAF_2 与粉煤灰双掺量调整试验结果

试验编号	掺量（%）	粉煤灰掺量	初始坍落度（cm）	30 min 坍落度（cm）	60 min 坍落度（cm）	抗压强度（MPa）		实际水胶比
						7 d	28 d	
临船－28	1.4	20%×1.4	12.5	11.1	9.3	14.5	23.4	0.55

注：1. HLC－NAF_2 掺量为胶凝材料的 1.4%，粉煤灰采用超量替代法，超量系数 1.4，等量替代水泥部分用百分数表示，如 20%×1.4 表示替代水泥 20%，超量系数 1.4。

2. 配合比：水：胶凝材料：砂：石：外加剂＝0.55：1：2.72：3.87：0.014。

4.1.2.7　水化热试验

在粉煤灰等外加剂选定后，进行水泥水化热试验。结果如表 4-12 所示，同时与其他常用的水泥水化热进行比较。

从表 4-12 中可以看出，本工程选择的普通硅酸盐 32.5 级水泥加Ⅰ级粉煤灰加 HLC－NAF_2 水化热量（7 d）最小。计算与试验结果表明这种选择是合理的。

表 4-12　水泥水化热试验结果

配料		水化热量(J/kg)			
		3 d	7 d	14 d	28 d
普通硅酸盐 32.5 级水泥 + Ⅰ级粉煤灰 + UC－Ⅱ		156	209	256.5	260
普通硅酸盐 32.5 级水泥 + Ⅰ级粉煤灰 + HLC－NAF_2		—	170.5	249.5	253.5
普通硅酸盐 32.5 级水泥		206	273.5	—	—
中热水泥	42.5 级	251	293		
	52.5 级	251	293		
低热矿渣水泥	32.5 级	188	230		
	42.5 级	197	230		
低热微膨胀水泥	32.5 级	154.9	175.8		
	42.5 级	175.8	196.8		

4.1.2.8　干缩试验

进一步的干缩试验结果见表 4-13。

表 4-13　干缩试验结果

凝期(d)		1	3	7	14	28	45	60	90
干缩率（$\times 10^{-4}$）	UC－Ⅱ	－0.35	－0.55	－0.84	－1.68	－2.14	－3.43	－3.47	－3.49
	HLC－NAF_2	－0.22	－0.47	－0.90	－1.35	－2.43	－2.90	—	—

从以上试验结果可以看出，虽然 UC－Ⅱ28 d 强度稍高于 HLC－NAF_2，但从水泥水化热、混凝土干缩、坍落度经时损失等方面综合考虑，HLC－NAF_2 明显优于 UC－Ⅱ，对混凝土温度控制有利，工程选用 HLC－NAF_2 作为混凝土泵送剂。

4.1.2.9　施工配合比确定

由于上闸首底板混凝土在施工过程中实测密度比理

论值小,因此在下闸首底板混凝土施工时按实际密度进行了调整。试验也表明,$HLC-NAF_2$ 与粉煤灰双掺,其混凝土 28 d 强度为 23.4 MPa,稍低于设计强度 24.1 MPa,施工混凝土配合比中水灰比调整为 0.53,根据以上试验成果,最终确定混凝土配合比见表 4-14。

表 4-14　混凝土施工配合比

水灰比	混凝土各组成材料用量(kg/m^3)						备注
	水	水泥	砂	石子	粉煤灰	$HLC-NAF_2$	
0.53	140	214	823	1 118	70	3.696	上闸首
0.53	140	214	804	1 038	70	3.696	下闸首

4.2　底板混凝土温度裂缝验算

混凝土是否会产生温度裂缝的基本因素是:混凝土性能、温度状况和约束条件。混凝土性能对于防裂无疑是必要的,但至今并无显著改善其防裂性能(抗拉、徐变、线膨胀系数等)的工程措施。而船闸底板是在土基(低标号混凝土垫层)上建造的,其阻滑系数很小且分节合理,故无基础约束裂缝问题,因此只需验算混凝土的温度裂缝。春季混凝土的入模温度接近环境温度,根据计划的浇筑时间,取混凝土浇筑温度为 7 ℃和 10 ℃进行验算。

4.2.1　水化热总降温差计算

根据试验资料,水泥水化热取表 4-12 中的值进行计算。

混凝土绝热温升采用下列公式计算

$$\theta_t = Q_t C/(c\rho) \cdot (1 - e^{-mt}) \tag{4-1}$$

$$\theta_{t\max} = Q_t C/(c\rho) \tag{4-2}$$

式中 C——含粉煤灰在内的胶凝材料用量,kg/m³;

c——混凝土比热,取 0.96 kJ/(kg·℃);

ρ——混凝土质量密度,取配合比数值;

Q_t——龄期 t 时的水化热(按中心温度一次降温 30 d 计算);

e——常数,为 2.718;

m——与水泥品种、振捣时温度有关的经验系数,取 0.3;

t——龄期,d。

水化热温升取混凝土的绝热温升乘以影响系数 0.6,计算结果如表 4-15 所示。

表 4-15 水化热温升计算结果 (单位:℃)

上闸首底板		下闸首底板	
绝热温升	水化热温升	绝热温升	水化热温升
30.05	18.03	33.3	19.98

混凝土入模温度为 7 ℃或 10 ℃,则底板混凝土最大温升值计算结果(按中心温度一次降温 30 d 计算)如表 4-16 所示。

表 4-16 混凝土最大温升值计算结果(单位:℃)

项目	上闸首底板		下闸首底板	
入仓温度	7	10	10	14
底板温升值	25.03	28.03	29.98	33.98

此结构中心温度一次降温 30 d,上闸首底板降至环境温度为 16 ℃时相对稳定,下闸首底板降至环境温度为 19 ℃时相对稳定,故根据水化热总降温差 = 水化热温升值 - 稳定时环境温度,得计算结果如表 4-17 所示。计算公式:最大温升 = 水化热最高温升 + 混凝土入仓温度。

表 4-17 水化热总降温差 (单位:℃)

项目	上闸首底板		下闸首底板	
入仓温度	7	10	10	14
总降温差	9.03	12.03	10.98	14.98

在温度应力计算中,总降温差偏于安全地取水化热最高温升冷却至某时的环境温差,将总降温差分成台阶(步距 3 d)式降温,参照同类混凝土的降温经验曲线,列表如表 4-18 所示。

表 4-18 台阶式降温计算成果

时间(d)	上闸首底板(℃)		下闸首底板(℃)	
	7	10	10	14
6	1.12	1.48	1.37	1.84
9	1.60	2.06	1.88	2.52
12	1.60	2.06	1.88	2.52
15	1.35	1.78	1.64	2.18
18	0.90	1.21	1.11	1.52
21	0.81	1.10	1.02	1.38
24	0.43	0.60	0.56	0.79
27	0.57	0.82	0.66	1.05
30	0.65	0.92	0.86	1.18

4.2.2 各龄期混凝土收缩值及收缩当量温度计算

混凝土收缩可在混凝土内引起相当大的应力，可导致混凝土裂缝。为便于按温差计算应力，将混凝土收缩产生的变形换成相当于引起同样变形所需的温度，即把收缩换算成收缩当量温差 T_y。

4.2.2.1 混凝土任意龄期的收缩变形值

结构物在任意内应力作用下，除瞬时弹性变形外，其变形值随时间的延长而增加的现象称为徐变。构件的最终变形由弹性变形和徐变变形两部分组成。影响徐变变形的因素和影响收缩变形的因素是相同的，因此可以把收缩变形与徐变变形的计算一并加以考虑。有关混凝土及钢筋混凝土的收缩和徐变试验资料颇多，本书在计算时，采用王铁梦教授建议的一种实用计算法。该方法的基础是找出标准状态下最大收缩和最大徐变（相对变形），任何处于其他状态下的最大收缩与最大徐变应用各种不同系数加以修正。任意状态下最大（最终）收缩与最大（最终）徐变（$t\to\infty$）以 $\varepsilon_y(\infty)$ 和 $\varepsilon_n(\infty)$ 表示，标准状态下以 $\varepsilon_y(\infty)$ 和 $\varepsilon_n(\infty)$ 表示，则有

$$\varepsilon_y(t)=\varepsilon_{y0}(1-e^{-0.01t})\cdot M_1\cdot M_2\cdot M_3\cdot M_4\cdot M_5\cdot M_6\cdot M_7\cdot M_8\cdot M_9\cdot M_{10} \quad (4\text{-}3)$$

式中 ε_{y0}——标准状态下混凝土的最终收缩值，取 3.24×10^{-4}；

M_1——水泥品种修正系数，取 1.0；

M_2——水泥细度修正系数，取 1.35；

M_3——粗集料修正系数，取 1.0；

M_4——水灰比修正系数，取 1.3；

M_5——水泥浆量修正系数，取 0.9；

M_6——初期养护时间修正系数，取 0.84；

M_7——使用环境湿度状态修正系数，取 0.77；

M_8——水力半径修正系数，取 0.31；

M_9——振捣方法修正系数，取 1.0；

M_{10}——配筋修正系数，取 0.89。

上、下闸首混凝土任意龄期的收缩变形计算结果如表 4-19 所示。

表 4-19　混凝土任意龄期的收缩变形成果

t(d)	$e^{-0.01t}$	$1-e^{-0.01t}$	$0.91\times10^{-4}(1-e^{-0.01t})$
3	0.970 445 533	0.029 554 467	0.000 002 689 456 4
6	0.941 764 533	0.058 235 467	0.000 005 299 427 4
9	0.913 931 185	0.086 068 815	0.000 007 832 262 1
12	0.886 920 436	0.113 079 564	0.000 010 290 240 3
15	0.860 707 976	0.139 292 024	0.000 012 675 574 1
18	0.835 270 211	0.164 729 789	0.000 014 990 410 8
21	0.810 584 246	0.189 415 754	0.000 017 236 833 6
24	0.786 627 861	0.213 372 139	0.000 019 416 864 6
27	0.763 379 494	0.236 620 506	0.000 021 532 466
30	0.740 818 22	0.259 181 779	0.000 023 585 541 9

4.2.2.2 各龄期的混凝土收缩的当量温差

各龄期的混凝土的收缩当量温差(T_y)用下式计算

$$T_y = \varepsilon_y(t)/\alpha \tag{4-4}$$

式中 T_y——各龄期混凝土收缩当量温差,℃;

$\varepsilon_y(t)$——各龄期混凝土收缩相对变形值;

α——混凝土线膨胀系数,取 1.0×10^{-5}。

上、下闸首底板各龄期混凝土收缩当量温差计算结果如表4-20所示。由表4-20看出,混凝土在30 d时的收缩当量温差为2.09 ℃。

表4-20 各龄期混凝土收缩当量温差

t(d)	$\varepsilon_y(t)$	$T_y(t)$(℃)	$\Delta T_y(t)$(℃)
3	0.000 002 689 456 4	0.27	
6	0.000 005 299 427 4	0.53	0.26
9	0.000 007 832 262 1	0.78	0.25
12	0.000 010 290 240 3	1.03	0.25
15	0.000 012 675 574 1	1.27	0.24
18	0.000 014 990 410 8	1.50	0.23
21	0.000 017 236 833 6	1.72	0.22
24	0.000 019 416 864 6	1.94	0.22
27	0.000 021 532 466	2.15	0.21
30	0.000 023 585 541 8	2.36	0.21

4.2.2.3 混凝土结构物各时段降温差

在考虑混凝土或钢筋混凝土结构满足设计要求的状态下，结构仍出现裂缝，主要是由温度应力和收缩应力共同作用形成的，则此结构的综合温差分阶应该是各分阶的水化热降温再加上收缩当量温差。即 ΔT_i = 水化热降温 + 收缩当量温差。根据此原理计算结果如表 4-21 所示。

表 4-21 混凝土各时段降温差

时间(d)	上闸首底板(℃)		下闸首底板(℃)	
	7	10	10	14
6	1.38	1.74	1.63	2.1
9	1.85	2.31	2.13	2.77
12	1.85	2.31	2.13	2.77
15	1.59	2.02	1.88	2.42
18	1.13	1.44	1.34	1.75
21	1.03	1.32	1.24	1.60
24	0.65	0.82	0.78	1.01
27	0.78	1.03	0.87	1.26
30	0.86	1.13	1.07	1.39

4.2.2.4 混凝土的最大应力计算

1）各龄期的混凝土弹性模量的计算

混凝土浇筑初期处于升温阶段，呈塑性状态，混凝土的弹性模量很小，由变形引起的应力也很小，温度应力一般可忽略不计。经过数日，弹性模量随时间迅速上升，此时由变形引起的应力（即混凝土降温引起拉应力）随着弹性模量的上升显著增加，因此必须考虑弹性模量的变化规律，一般按下式计算

$$E(t) = E_0(1 - e^{-0.09t}) \tag{4-5}$$

式中 $E(t)$——任意龄期的弹性模量，MPa；

E_0——最终弹性模量，一般取 28 d 的弹性模量为 2.55×10^4 MPa；

t——混凝土浇筑后到计算时的天数。

各时段的弹性模量计算结果如下

$E(3) = 2.55 \times 10^4 (1 - e^{-0.09 \times 3}) = 0.603 \times 10^4$ MPa

$E(6) = 1.064 \times 10^4$ MPa　$E(9) = 1.416 \times 10^4$ MPa

$E(12) = 1.684 \times 10^4$ MPa　$E(15) = 1.889 \times 10^4$ MPa

$E(18) = 2.045 \times 10^4$ MPa　$E(21) = 2.165 \times 10^4$ MPa

$E(24) = 2.256 \times 10^4$ MPa　$E(27) = 2.326 \times 10^4$ MPa

$E(30) = 2.379 \times 10^4$ MPa

2）各龄期混凝土松弛系数的取值

在计算温度应力时，徐变所导致的温度应力的松弛，有益于防止裂缝的发展，徐变可使混凝土的长期极限抗拉值增加 1 倍左右，即提高了混凝土的极限变形能力。因此，在计算混凝土的抗裂性时显然需要把松弛考虑进去。考虑龄期及荷载持续时间影响下的应力松弛系数 $H(t)$ 为

$H(3)=0.186$ $H(6)=0.208$

$H(9)=0.214$ $H(12)=0.215$

$H(15)=0.233$ $H(18)=0.252$

$H(21)=0.301$ $H(24)=0.367$

$H(27)=0.473$ $H(30)=1.00$

3)由总降温差引起的外约束应力的计算

由温差引起的底板中最大拉应力计算公式为

$$\sigma(t)=-\alpha/(1-\mu)\cdot[1-1/\mathrm{ch}\beta(L/2)]\cdot\sum_{n=1}^{n}E_i(t)\cdot\Delta T_i(t)\cdot H_i(t) \tag{4-6}$$

$$\beta=\sqrt{B_x/dE(t)} \tag{4-7}$$

式中 $\sigma(t)$——各龄期混凝土基础所承受的温度应力；

α——混凝土线膨胀系数，取 1.0×10^{-5}；

μ——泊松比，取 0.15；

$E_i(t)$——各龄期混凝土的弹性模量，MPa；

$\Delta T_i(t)$——各龄期混凝土综合温差，以负值代入；

$H_i(t)$——各龄期混凝土松弛系数；

L——底板的长度，取 24 800 mm；

β——系数，按式(4-7)计算；

B_x——地基水平阻滑系数，取 1.0；

d——底板厚度，取 2 500 mm；

$\mathrm{ch}\beta(L/2)$——双曲余弦函数，可由双曲余弦函数表查得。

计算结果见表 4-22。

表 4-22　总降温差引起的外约束应力计算成果

时间(d)	上闸首底板温度应力(MPa)		下闸首底板温度应力(MPa)	
	7 ℃	10 ℃	10 ℃	14 ℃
6	0.029	0.037	0.035 5	0.045 7
9	0.050	0.062	0.058 7	0.076 4
12	0.056	0.070	0.066 3	0.086 2
15	0.056	0.071	0.068 2	0.087 8
18	0.045	0.057	0.055 1	0.072
21	0.051	0.065	0.063	0.081 3
24	0.040	0.050	0.049 5	0.064 1
27	0.063	0.083	0.072 4	0.104 8
30	0.153	0.202	0.198	0.257 2
累计	0.543	0.697	0.666 7	0.875 5

C20 混凝土的设计抗拉强度 f_{ct} 为 1.1 MPa，取抗裂安全度 k 为 1.05。则由 $\sigma_{max} < f_{ct}/k = 1.048$ MPa 知，底板混凝土均不会产生贯穿裂缝。

4.2.2.5　温度和干缩梯度引起的自约束应力及表面裂缝验算

由水化热的不均匀降温以及干缩变形引起的体积收缩会产生显著的自约束应力，从而导致表面裂缝的产生。根据前面计算的水化热温升及收缩当量温差，上闸首取拆模时间 $t = 3$ d，下闸首取拆模时间 $t = 10$ d(即开始显著降温)，则上闸首底板松弛系数 H_t 取 3 ~ 30 d 的平均值 0.411，下闸首底板松弛系数 H_t 取 10 ~ 30 d 的平均值 0.484。则自身约束徐变应力可用下式计算

$$\sigma_x = H_t E \alpha T_0 / (1 - \mu) \times 2/3 \tag{4-8}$$

式中　σ_x——自身约束徐变应力；

E——混凝土弹性模量,取 2.55×10^{4} MPa;

H_t——各龄期混凝土松驰系数;

α——混凝土线膨胀系数,取 1.0×10^{-5};

T_0——混凝土内外温差,℃;

μ——混凝土的泊松比,取 0.15。

混凝土内外最大温差预估值(偏于安全计算,取 T_0 = 总降温差 + 收缩当量温差)见表 4-23。

表 4-23 混凝土内外最大温差预估值

项目	上闸首内外最大温差(℃)		下闸首内外最大温差(℃)	
浇筑温度	7	10	10	14
内外最大温差	11.12	14.12	13.07	17.07

自约束应力计算结果见表 4-24。

表 4-24 自约束应力计算结果

项目	上闸首自约束应力(MPa)		下闸首自约束应力(MPa)	
浇筑温度(℃)	7	10	10	14
自约束应力(MPa)	0.914	1.161	1.265	1.652

C20 混凝土的允许抗拉应力为 1.048 MPa(取抗裂安全度为 1.05),故上闸首底板在保持浇筑温度为 7 ℃时不会出现裂缝,下闸首底板可能会出现表面裂缝。根据上闸首施工经验,表面采用塑料薄膜加麻袋覆盖时,其温差可降低 7 ℃左右,为了不产生表面裂缝,故须加强养护,进行表面保温。

4.3 小 结

本章针对临淮岗船闸底板结构特点及设计施工要求和现场条件，开展混凝土力学变形性能和温度应力分析研究，主要内容有：

(1)通过试验，针对性分析研究混凝土原材料、粉煤灰、外加剂以及配合比对裂缝的影响，优选混凝土原材料、粉煤灰和外加剂，确定混凝土配合比，以防止或减轻临淮岗船闸底板裂缝的产生。

(2)从混凝土性能、温度状况和约束条件入手，分析了底板混凝土温度裂缝的产生条件，并对混凝土底板温度裂缝进行了验算。

(3)在上述分析计算基础上，结合温度观测资料，提出了防止产生表面裂缝、深层裂缝的浇筑温度，即上闸首底板在保持浇筑温度为 7 ℃时不会产生表面裂缝，在浇筑温度为 10 ℃时采取保温和养护措施，也不会产生表面裂缝，即使有细微裂缝，也不会影响结构的外观、安全和使用。同时，分析了湿度变化对干缩裂缝的影响，并提出应用温度传感器观测底板混凝土内部温度，以防止和控制裂缝的产生。若内外温差过大，应加强表层保温措施，并延迟拆模时间。

第5章 临淮岗船闸底板混凝土温度观测与控制

5.1 临淮岗船闸底板混凝土温度观测结果

5.1.1 混凝土各时期允许降温差

内外温差的控制方法主要是降低水化热、降低浇筑温度,提高混凝土表面温度,但由于内外温差是比较笼统的概念,它未能表达自身约束,温度应力取决于相应的温度梯度的实质,且气温时刻在变,故以降温差来控制和预防裂缝发生。根据C20混凝土各时期允许抗拉强度计算得其各时段允许最大降温差如表5-1所示。

表5-1 C20混凝土各时期允许最大降温差

时间(d)	总降温差允许值(℃)		实测降温差(℃)	
	上闸首底板	下闸首底板	上闸首底板	下闸首底板
6	5.29	5.84	9	13
9	11.2	10.6	11	10
12	14.7	13.7	9	9
15	17.8	15.8	11	5
18	19.2	16.7	10	2
21	20.3	17.5	11	5
24	21.6	8.0	—	8
27	22.0	18.4	—	7
30	23.2	18.6	—	—

为防止底板混凝土内外温差超过计算温差而导致混凝土产生裂缝，在混凝土内埋设温度传感器，用以测定混凝土内部温度，同时观测气温变化，以确定降温差是否超过计算降温差允许值，以便采取应急措施。温度传感器埋设在混凝土内的位置如图 5-1 和图 5-2所示。

5.1.2 温度传感器标定

上闸首底板埋设6 根，下闸首底板埋设5 根，编号1 ~ 11，其中 1 ~6 号埋设在上闸首，7 ~11 号埋设在下闸首，温度传感器标定结果见表 5-2 ~ 表 5-12。11 根传感器均成直线，关系曲线示意图见图 5-3。

表 5-2 1 号温度传感器标定结果

温度(℃)	10	12	14	16	18	20	22	24	26	28	30
电阻(Ω)	48.64	48.96	49.36	49.8	50.12	50.48	50.86	51.34	51.77	52.08	52.52
温度(℃)	32	34	36	38	40	42	44	46	48	50	
电阻(Ω)	52.87	53.31	53.62	53.96	54.4	54.85	55.28	55.72	56.13	56.54	

表 5-3 2 号温度传感器标定结果

温度(℃)	10	12	14	16	18	20	22	24	26	28	30
电阻(Ω)	48.48	48.93	49.36	49.67	49.96	50.35	50.8	51.16	51.63	51.99	52.39
温度(℃)	32	34	36	38	40	42	44	46	48	50	
电阻(Ω)	52.81	53.2	53.56	53.93	54.29	54.69	55.07	55.43	55.88	56.23	

表 5-4 3 号温度传感器标定结果

温度(℃)	10	12	14	16	18	20	22	24	26	28	30
电阻(Ω)	48.57	48.96	49.36	49.72	50.06	50.41	50.82	51.27	51.73	52.05	52.37
温度(℃)	32	34	36	38	40	42	44	46	48	50	
电阻(Ω)	52.77	53.16	53.64	54.01	54.41	54.74	55.15	55.52	55.99	56.38	

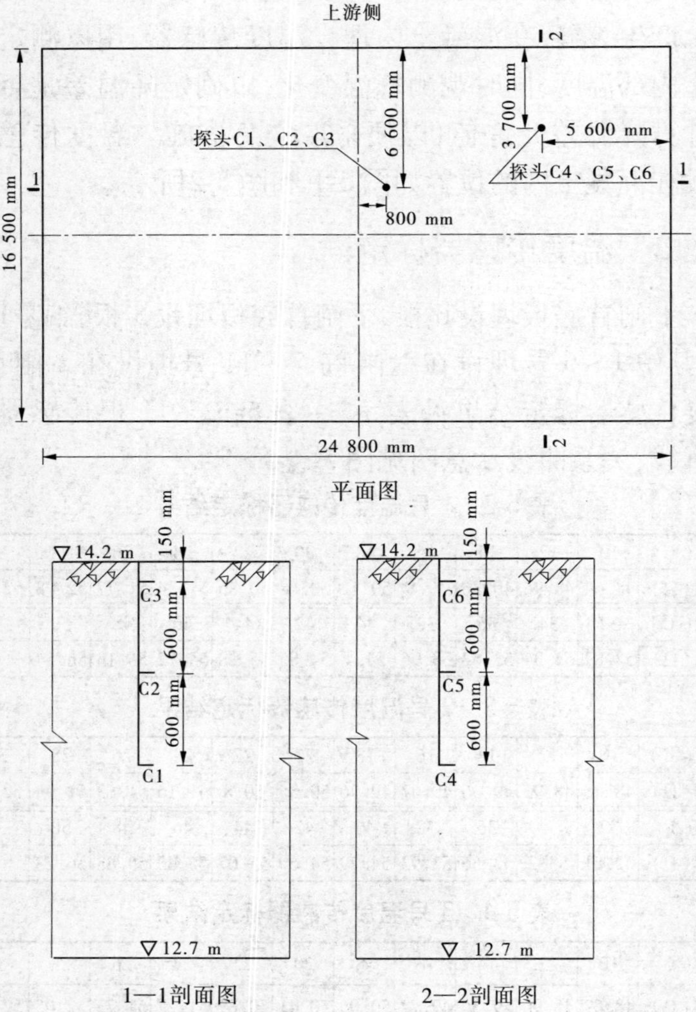

图 5-1　上闸首传感器埋设

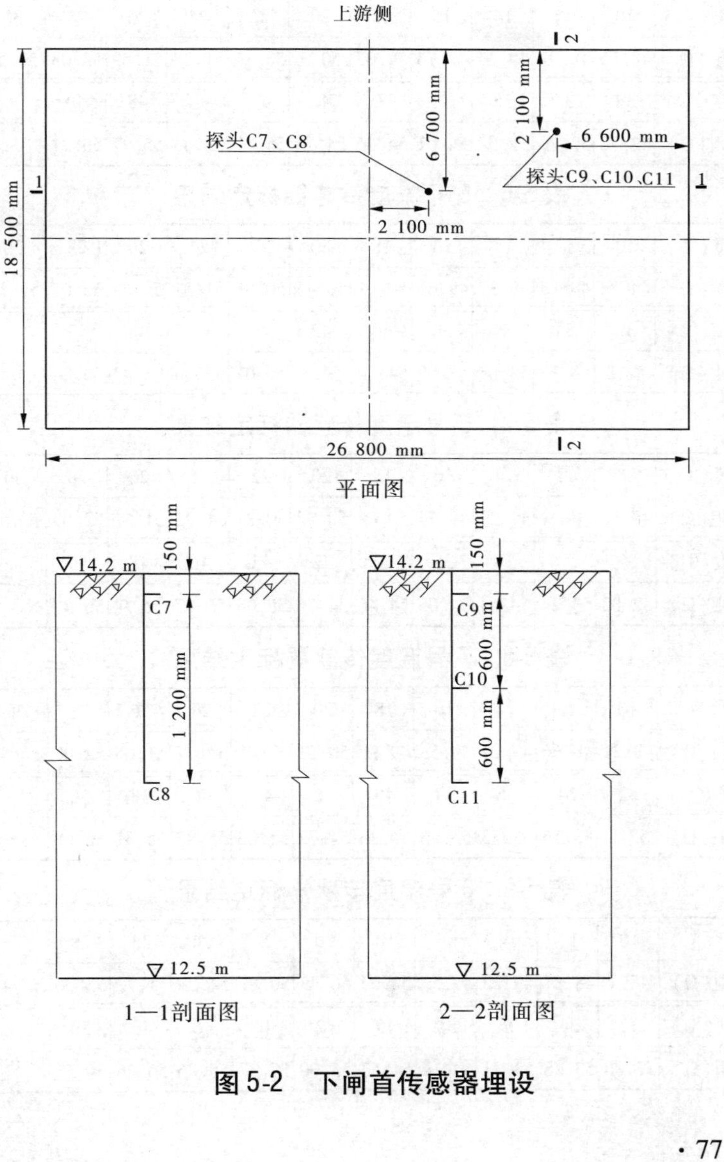

图 5-2　下闸首传感器埋设

表 5-5　4 号温度传感器标定结果

温度(℃)	10	12	14	16	18	20	22	24	26	28	30
电阻(Ω)	48.55	48.92	49.34	49.73	50.07	50.5	50.86	51.28	51.69	52.03	52.42
温度(℃)	32	34	36	38	40	42	44	46	48	50	
电阻(Ω)	52.78	53.26	53.59	54.01	54.36	54.75	55.19	55.63	55.97	56.31	

表 5-6　5 号温度传感器标定结果

温度(℃)	10	12	14	16	18	20	22	24	26	28	30
电阻(Ω)	48.5	48.85	49.31	49.66	50.01	50.45	50.85	51.31	51.68	52.05	52.39
温度(℃)	32	34	36	38	40	42	44	46	48	50	
电阻(Ω)	52.8	53.22	53.63	53.99	54.34	54.7	55.07	55.55	55.92	56.24	

表 5-7　6 号温度传感器标定结果

温度(℃)	10	12	14	16	18	20	22	24	26	28	30
电阻(Ω)	48.57	48.9	49.29	49.74	50.08	50.42	50.81	51.25	51.61	52.09	52.51
温度(℃)	32	34	36	38	40	42	44	46	48	50	
电阻(Ω)	52.83	53.24	53.64	54.05	54.46	54.76	55.08	55.57	55.9	56.37	

表 5-8　7 号温度传感器标定结果

温度(℃)	10	12	14	16	18	20	22	24	26	28	30
电阻(Ω)	48.21	48.66	49.01	49.53	49.93	50.33	50.8	51.17	51.65	52.00	52.41
温度(℃)	32	34	36	38	40	42	44	46	48	50	
电阻(Ω)	52.8	53.16	53.53	53.96	54.35	54.72	55.22	55.87	56.31	56.68	

表 5-9　8 号温度传感器标定结果

温度(℃)	10	12	14	16	18	20	22	24	26	28	30
电阻(Ω)	48.4	48.81	49.23	49.53	50.03	50.43	50.87	51.27	51.72	52.06	52.47
温度(℃)	32	34	36	38	40	42	44	46	48	50	
电阻(Ω)	52.86	53.26	53.71	54.14	54.53	55.00	55.37	55.86	56.26	56.55	

表 5-10　9 号温度传感器标定结果

温度(℃)	10	12	14	16	18	20	22	24	26	28	30
电阻(Ω)	48.41	48.84	49.25	49.67	50.06	50.39	50.96	51.23	51.68	52.04	52.42
温度(℃)	32	34	36	38	40	42	44	46	48	50	
电阻(Ω)	52.84	53.19	53.68	54.09	54.52	54.93	55.33	55.75	56.21	56.47	

表 5-11　10 号温度传感器标定结果

温度(℃)	10	12	14	16	18	20	22	24	26	28	30
电阻(Ω)	48.41	48.81	49.19	49.59	50.01	50.43	50.83	51.22	51.67	52.01	52.4
温度(℃)	32	34	36	38	40	42	44	46	48	50	
电阻(Ω)	52.78	53.2	53.65	54.03	54.42	54.82	55.21	55.62	56.17	56.47	

表 5-12　11 号温度传感器标定结果

温度(℃)	10	12	14	16	18	20	22	24	26	28	30
电阻(Ω)	48.38	48.79	49.21	49.61	50.04	50.44	50.85	51.23	51.64	52.0	52.39
温度(℃)	32	34	36	38	40	42	44	46	48	50	
电阻(Ω)	52.8	53.13	53.54	53.93	54.33	54.73	55.19	55.63	56.08	56.51	

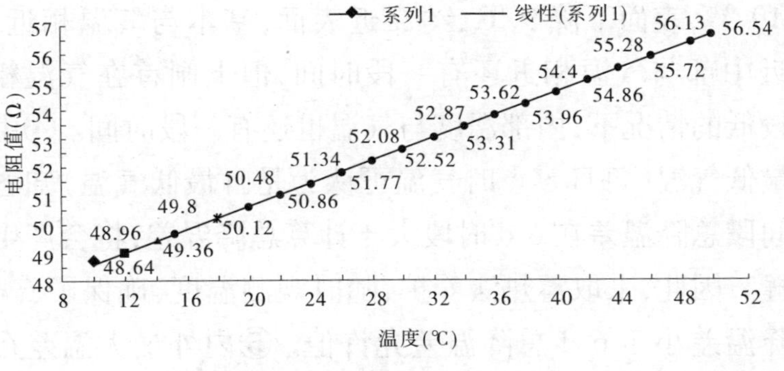

图 5-3　(探头)温度与电阻值关系曲线

通过埋设在混凝土内部传感器的电阻值，由表 5-2 ~ 表 5-12 得相应混凝土内部温度。

5.1.3 温度观测与分析

通过布置的传感器，不同龄期各温度观测结果见表 5-13 和表 5-14。

从表 5-13、表 5-14 可以看出：①C3、C6，C2、C5，C1、C4，C7、C9，C8、C11 温度大致相同，即在不同深度处，同一高程上混凝土的温度基本一致。②温度 C1 > C2 > C3、C4 > C5 > C6、C8 > C7、C11 > C10 > C9，即大体积混凝土内部温度越靠近中部温度越高，越靠近边缘温度越低，同时靠近边缘 150 mm 内部温度与气温相差亦较大，充分说明混凝土是热的不良导体。③内部温度下降速度缓慢。上闸首 21 d 中间下降约 7 ℃，靠上边缘下降约8 ℃，表面下降 4 ℃；下闸首 26 d 中间下降约 12 ℃，靠上边缘下降约 19 ℃，表面下降 9 ℃，约靠近表面，基本与气温相近，靠近中部与气温相近还有一段时间，但上闸首在气温相对较低的情况下，内部温度与气温也还有一段时间。④由日最低气温（每日零点时气温可认为是日最低气温）知各时间段总降温差在 6 d 时段大于计算总降温差，将会产生裂缝。因此，采取蓄热法养护，随时观测温度，确保了 6 d 总降温差小于 6 d 总降温差允许值。⑤内外最大温差在前期较大，且有一个稳定过程（一般 10 d 左右），而不是集中在 3 d，说明粉煤灰和外加剂的掺入延缓了水化热速

表 5-13　上闸首底板混凝土温度观测结果

序号	检测时间（月-日 T时:分）	探入口检测电阻值(Ω)						（相应混凝土）温度(℃)						气温（℃）	内外最大温差（℃）
		C1	C2	C3	C4	C5	C6	C1	C2	C3	C4	C5	C6		
1	03-13T00:00	51.65	51.33	50.58	51.17	51.07	50.42	25	25	21	23	23	20	9.0	14
2	03-15T00:00	52.80	52.73	50.93	52.79	52.76	50.84	31	31	23	32	31	21	14	18
3	03-16T00:00	52.91	52.73	50.63	52.98	52.98	50.75	33	32	21	33	33	21	13	20
4	03-17T00:00	52.90	52.51	50.43	52.99	52.56	50.38	33	31	20	33	31	20	14	19
5	03-18T00:00	52.88	52.38	50.34	52.95	52.40	50.31	32	30	19	32	30	19	13	19
6	03-19T00:00	52.68	52.28	50.69	52.70	52.12	50.88	31	29	21	31	28	22	18	13
7	03-20T00:00	52.52	52.01	50.61	52.53	52.02	50.76	30	28	20	30	28	21	20	10
8	03-21T00:00	52.37	51.87	50.54	52.41	51.89	50.65	29	28	20	30	28	20	9	21
9	03-22T00:00	52.29	51.66	50.49	52.27	51.71	50.59	29	26	20	29	27	20	11	18
10	03-23T00:00	52.15	51.53	50.43	52.18	51.62	50.50	28	26	20	28	26	20	11	17
11	03-24T00:00	52.14	51.5	50.42	52.17	51.60	50.47	28	25	19	28	24	20	11	17

续表 5-13

序号	检测时间（月-日T时:分）	探入口检测电阻值(Ω)						（相应混凝土）温度(℃)						气温（℃）	内外最大温差（℃）
		C1	C2	C3	C4	C5	C6	C1	C2	C3	C4	C5	C6		
12	03-25T00:00	52.10	51.46	50.30	52.02	51.44	50.39	28	25	19	28	24	20	11	17
13	03-26T00:00	52.02	51.31	50.19	52.02	51.36	50.28	27	24	19	28	24	19	14	14
14	03-27T00:00	52.00	51.23	50.08	51.97	51.31	50.21	27	24	18	28	23	19	10	18
15	03-28T00:00	51.86	51.22	50.06	51.83	51.25	50.16	27	24	18	27	23	18	9	18
16	03-29T00:00	51.72	51.17	50.01	51.80	51.22	50.07	26	23	18	27	23	18	10	17
17	03-30T00:00	51.93	51.32	50.17	51.76	51.09	50.02	27	24	18	26	22	18	15	12
18	03-31T00:00	51.70	51.16	49.93	51.95	51.23	50.19	26	23	17	28	23	19	19	9
19	04-01T00:00	51.94	51.47	50.23	52.09	51.36	50.32	27	25	19	28	24	19	12	16
20	04-02T00:00	51.96	51.58	50.37	52.26	51.49	50.47	27	25	19	29	24	20	9	20
21	04-03T00:00	51.81	51.40	50.22	52.13	51.36	50.22	26	24	19	28	24	19	9	19
22	04-04T00:00	51.63	51.17	50.09	52.11	51.19	50.13	25	23	18	28	23	18	9	19

表 5-14 下闸首底板混凝土温度观测结果

序号	检测时间（月-日T时:分）	探入口检测电阻值(Ω)					（相应混凝土）温度(℃)					气温（℃）	内外最大温差（℃）
		C7	C8	C9	C10	C11	C7	C8	C9	C10	C11		
1	04-15T00:00	52.89	54.47	53.20	54.39	54.79	32	40	34	40	42	12	30
2	04-16T00:00	52.90	54.76	53.08	54.45	54.84	33	41	33	40	42	14	28
3	04-17T00:00	52.92	54.83	53.04	54.54	54.99	33	41	34	40	43	22	21
4	04-18T00:00	52.17	54.41	52.56	54.38	55.01	29	40	31	40	43	11	32
5	04-19T00:00	51.55	53.99	52.08	54.28	55.03	26	39	28	39	43	9	34
6	04-20T00:00	51.81	54.49	52.01	54.24	54.98	28	40	28	39	43	9	34
7	04-21T00:00	51.75	54.73	51.82	53.79	54.24	27	41	27	38	39	13	28
8	04-22T00:00	51.41	54.51	51.64	53.58	53.35	26	39	26	35	35	13	26
9	04-23T00:00	51.42	54.32	51.57	53.50	53.25	26	39	26	35	35	12	27
10	04-24T00:00	51.43	54.12	51.53	53.26	53.16	26	38	25	35	34	13	25
11	04-25T00:00	51.43	53.91	51.49	53.06	53.08	26	37	25	34	34	13	24
12	04-26T00:00	51.44	53.77	51.41	52.76	53.05	26	36	25	32	34	15	21
13	04-27T00:00	51.45	53.59	51.39	52.50	52.98	26	36	25	32	34	18	18

续表 5-14

序号	检测时间（月-日T时:分）	探入口检测电阻值(Ω)					（相应混凝土）温度(℃)					气温(℃)	内外最大温差(℃)
		C7	C8	C9	C10	C11	C7	C8	C9	C10	C11		
14	04-28T00:00	51.45	53.44	51.39	52.43	52.96	26	35	25	32	34	17	18
15	04-29T00:00	51.45	53.41	51.37	52.26	52.96	26	34	25	28	33	19	15
16	04-30T00:00	51.45	53.34	51.36	52.2	52.88	26	34	25	24	32	20	14
17	05-01T00:00	51.44	53.29	51.36	52.15	52.81	26	34	25	24	32	22	12
18	05-02T00:00	51.43	53.21	51.34	52.08	52.73	26	34	25	23	32	22	12
19	05-03T00:00	51.42	53.16	51.34	52.01	52.66	25	34	25	23	31	20	14
20	05-04T00:00	52.42	53.07	51.31	51.97	52.52	25	33	24	23	31	19	14
21	05-05T00:00	51.39	53.01	51.29	51.89	52.43	25	33	24	22	30	16	17
22	05-06T00:00	51.38	52.93	51.29	51.82	52.31	25	32	24	22	30	15	17
23	05-07T00:00	51.38	52.86	51.23	51.82	52.22	25	32	24	22	30	14	18
24	05-08T00:00	51.38	52.77	51.17	51.73	52.11	25	32	24	21	29	14	18
25	05-09T00:00	51.36	52.71	51.15	51.67	52.03	24	31	23	21	29	15	16
26	05-10T00:00	51.36	52.61	51.11	51.59	51.99	24	31	23	21	29	17	14
27	05-11T00:00	51.36	52.51	51.10	51.91	51.97	24	30	23	21	29	22	8

度，其效果明显，同时为工程采取蓄热法养护时间提供了依据。

5.2 底板混凝土气温观测与成果分析

5.2.1 冬季保温措施效果分析

采取冬季覆盖加温保温措施可大大降低混凝土的温度降幅，从而大大地降低底板混凝土的拉应力，尤其是表面混凝土的温度拉应力。临淮岗船闸上闸首底板采用了覆盖加温保温措施，下闸首底板采用了覆盖保温措施。从埋设传感器位置看，上闸首 C3、C6，下闸首 C7、C9 仅在混凝土表面下 150 mm。上闸首 C3、C6，下闸首 C7、C9 温度基本保持平稳缓慢下降的趋势，即使气温陡降，上闸首最大温差为 11 ℃，下闸首最大温差在 13 ℃时，混凝土表面以下 150 mm 内混凝土温度也未受影响。由此说明，临淮岗船闸冬季保温措施效果良好，是混凝土未产生裂缝的一个重要环节。

5.2.2 底板混凝土气温变化规律分析

通过表 5-13、表 5-14 分别绘出上下闸首底板混凝土温度变化过程线，如图 5-4、图 5-5 所示。

从图 5-4、图 5-5 可以看出：①接近边缘的混凝土内部温度（除前 3 d 略升高外）基本平稳于同一个温度水平；②混凝土内部中心温度最高，越靠近边缘温度越低，在中

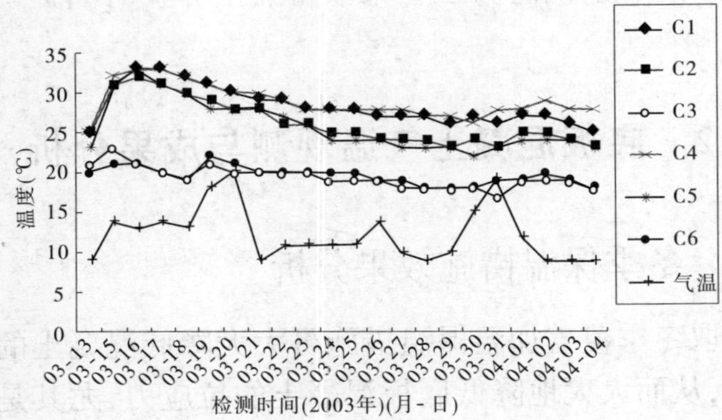

图 5-4　上闸首底板混凝土温度曲线

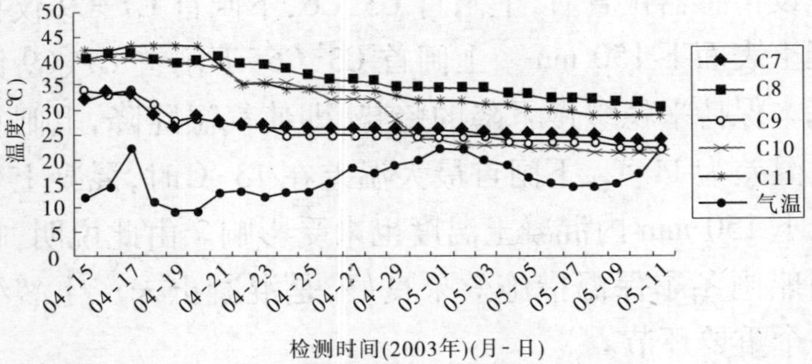

图 5-5　下闸首底板混凝土温度曲线

心点，当混凝土浇筑时间3～4 d 时为一个高峰期，以后逐渐缓慢下降；③温度观测时期，上闸首底板出现两次气温升高后陡降，下闸首底板出现一次气温升高后陡降，其余较长时间基本稳定在一个温度场，温度观测为混凝土养护提供预见作用。

5.3 小 结

在临淮岗船闸底板混凝土内埋设传感器进行内外温度观测的基础上,分析了不同时期底板温度的变化规律,并对温度传感器的埋设和率定进行了探讨。

(1)在底板混凝土内部不同深度、不同高程上埋设温度传感器,用以测量不同龄期时混凝土温度。在埋设之前,对传感器进行了率定,确定探头温度与传感器电阻值之间的关系。

(2)大体积混凝土内部温度越靠近中部温度越高,越靠近边缘温度越低,同时靠近边缘 150 mm 内部温度与气温相差亦较大,充分说明混凝土是热的不良导体,且混凝土内部温度下降速度很慢。

(3)观测过程中发现,各时间段总降温差在 6 d 时段大于计算总降温差,将会产生裂缝。为此提出采取蓄热法养护,随时观测温度,以确保 6 d 总降温差小于允许值,为工程采取蓄热法养护时间提供了依据。

(4)混凝土内外最大温差在前期较大,且有一个稳定过程(一般为 10 d 左右),而不是集中在 3 d,说明粉煤灰和外加剂的掺入延缓了水化热速度,效果明显。

第6章 总结与展望

6.1 全书总结

水工混凝土建筑物的裂缝，不仅会影响工程外观和正常运行，还可能影响工程安全，缩短工程寿命。防止水工混凝土建筑物产生裂缝，历来是水工建筑物设计和施工的重大课题，由于水工混凝土裂缝大部分属于温度裂缝，温度控制防裂成为解决问题的关键。本书结合该问题进行了深入的研究，主要内容如下：

(1)研究了混凝土工程发展的历程，分析了存在的问题，并重点对混凝土添加剂的作用进行了探讨，分析了多种添加剂的性能以及对防止混凝土裂缝产生的作用。

(2)分析了产生温度应力的条件，研究了混凝土抗裂性能，并从混凝土裂缝形成和发展机理方面，分析了裂缝对水工建筑物的危害。

(3)针对临淮岗船闸工程，通过试验，研究了粉煤灰及外加剂的性能，对混凝土的配合比进行设计，并对底板混凝土的温度裂缝进行了验算分析。

(4)对临淮岗船闸底板混凝土的温度观测资料进行了分析，据此研究了混凝土温度变化对船闸底板混凝土应力的影响，提出了温度控制的措施。

(5)临淮岗船闸工程底板混凝土针对采用泵送混凝土、普通硅酸盐水泥和冬季泵送施工等不利因素,优化混凝土配合比,选用合理的掺合物(剂),降低和延缓水化热温升,并通过应力计算和埋设温度传感器观测混凝土内部温度,分析温差变化规律,采取措施确保混凝土不产生裂缝。截至2003年5月25日,所有底板混凝土均未产生裂缝,说明船闸工程底板混凝土裂缝控制是成功的。

6.2 展望

美国、前苏联和我国的资料表明,在20世纪60年代末至70年代中叶建成的一些大型水电工程中,都没有出现严重危害性裂缝,甚至表面裂缝也很少出现。这是因为理论探索和大量的工程实践,一致认识到大体积混凝土裂缝的发生和发展,主要是在混凝土浇筑初期(一般为龄期6~20 d)由于气温骤降引起表层混凝土急剧降温,而这时内部混凝土仍然维持在较高的温度,限制了表层混凝土的收缩,形成很陡的温度梯度,相当于加上一个瞬时荷载,使混凝土的徐变性能不能发挥作用,因而产生表面裂缝。这种裂缝如果长期暴露,反复遭受气温骤降袭击,或由于坝体内部温度较高继续降温,将在坝体内部形成非线性温度场;或在基岩部位由于均匀降温,使混凝土收缩受基岩约束,并且在表面裂缝的端部形成应力集中,使裂缝向纵深发展。所以,如何避免产生早期的表面裂缝,特别是在基岩和上游面以及其他结构应力集中的部位,便成了防止发生严重危害性裂缝的首要问题。理论和实践证明,对新浇混凝土表面进行保护,是一项十分有效的措施,再加上合理的温度控制,大体积混凝土的裂缝问题,切实采用综合防裂措施,是可以控制的。除保证混凝土质量外,在温控方面,一是表面保护,二是进行温度控制(包括基础和内部)。采取人工冷却的办法(包括预冷集料和加冰拌和等)来保证达到不同季节的温控标准(严寒地区则要在保护棚内加温或加热水拌和)。此外,对减少水化热水泥品种的研制,除现有的硅酸盐大坝水泥、矿渣大坝水泥以外,如低热膨胀水泥、新型粉煤灰水泥、掺膨胀剂水泥等新型水泥,有的已经研制成功,有的正在逐步改进,都是值得重视的。在满足设计荷载和早期防裂强度要求的条件下,减少水泥用量和用水量,采取长块浇筑、通仓浇筑等以加快施工进度的方法,也是在今后需要进一步研究的工作。

目前,正在国内外兴起的碾压混凝土筑坝技术,具有成本低、发热量小、便于通仓浇筑和加速施工进度等优点,国内外有不少工程采用这项新材料新技术筑坝,也是值得注意的发展趋势。

6.3 建 议

以前主要是从使混凝土裂缝产生的某些个别的原因(如收缩、碱集料反应等)进行研究,未能对混凝土裂缝产生的原因从整体上加以把握,因此其研究结果对于控制混凝土裂缝没有太大帮助。

本书在实践和现场试验研究的基础上,从力学的角度对混凝土裂缝产生的原因进行了研究。通过试验、计算、温度观测等方面进行计算验证,在临淮岗船闸底板混凝土工程中取得了较好的效果。

笔者建议在混凝土裂缝控制实践中,针对工程具体情况,应进行如下系统研究,确保混凝土工程不产生裂缝。

6.3.1 系统地分析混凝土工程产生裂缝的原因

混凝土系统是由水泥、水、砂、石、化学外加剂和矿物掺合料等组分通过配合、搅拌、浇筑、养护等工序制备而成的一种人工石材。组成混凝土的各组分在经过配合和搅拌之后就形成了新拌混凝土;在经历了一段时间以后,由于水泥水化,新拌混凝土逐渐丧失流动性,成为一种固结体。

混凝土工程裂缝的发生必须从混凝土系统自身的组成、结构、所处的环境等方面来考虑。通过混凝土系统可能使混凝土产生裂缝的原因,经过周密的分析,从中找出使混凝土产生裂缝的主要因素。

6.3.2 系统地控制混凝土工程裂缝

系统地控制混凝土工程裂缝采取以下步骤:

第一步,根据工程的需要,确定混凝土工程所要求达到的裂缝控制水平。

第二步，收集混凝土的基本原材料及使用环境的数据，如水泥的水化热、碱含量、CaO 含量、MgO 含量以及 SO_3 含量、集料的碱活性和含泥量、混凝土所处环境的温度和湿度情况、侵蚀介质的种类和浓度等。

第三步，根据不同部位混凝土承载能力的极限状态和正常使用极限状态（以保证结构不产生超过正常使用状态的变形、裂缝及耐久性、震动以及其他影响使用的极限状态）的要求，确定各部位混凝土所要求的性能。

第四步，进行试验研究。试验研究包括三个方面：试验室标准条件下的试验、试验室中模拟实际情况下的试验和实际情况下的小规模试验。

第五步，最优化。通过对各个方案的试验室试验研究，得到各种因素对混凝土工程裂缝出现的可能性。综合考虑各方面的因素，找到最优的实施方案。

第六步，实施最优方案。根据最优化的实施方案进行原材料的采购、混凝土施工和养护等作业，并从设计、材料、施工等方面保证所制备的混凝土满足各方面的要求。

参考文献

[1] 龚召熊,等. 水工混凝土的温控与防裂[M]. 北京:中国水利水电出版社,2000.

[2] 龚召熊. 水工混凝土的温控与防裂[M]. 北京:水利水电出版社,1999.

[3] 朱伯芳. 大体积混凝土温度应力与温度控制[M]. 北京:中国电力出版社,1999.

[4] 朱伯芳,王同生,等. 水工混凝土结构的温度应力与温度控制[M]. 北京:水利电力出版社,1976.

[5] 吴中伟. 补偿收缩混凝土[M]. 北京:中国建筑工业出版社,1979.

[6] 吴中伟,廉慧珍. 高性能混凝土[M]. 北京:中国铁道出版社,1999.

[7] 吴中伟. 膨胀混凝土[M]. 北京:中国铁道出版社,1990.

[8] 储海宁. 混凝土坝内部观测技术[M]. 北京:水利电力出版社,1989.

[9] 张雄,等. 仿生自愈合混凝土的研究进展 [J]. 混凝土,2001(3).

[10] 黄国兴,惠荣炎. 混凝土的收缩[M]. 北京:中国铁道出版社,1990.

[11] 黄士元,蒋家奋,杨南如,等. 近代混凝土技术[M]. 西安:陕西科学技术出版社,1998.

[12] 黄士元. 混凝土早期裂纹的成因及防治[J]. 混凝土,2000(7).

[13] 冯乃谦. 高性能混凝土[M]. 北京:建筑工业出版社,1996.

[14] 冯乃谦. 实用混凝土大全[M]. 北京:中国建筑出版社,2001.

[15] 巴恒静,高小建. 约束条件下高性能混凝土的早期开裂[J]. 混凝土,2002(5).

[16] 王延生,江云安,等. 铝酸钙膨胀剂性能及其应用[J]. 中国建材科技,1994(1).

[17] 王延生,江云安,等. 关于 CEA 混凝土膨胀剂的若干技术问题[J]. 混凝土,2002(1).

[18] 王延生,张桂清,等. 混凝土用复合膨胀剂[J]. 硅酸盐学报,1987(5).

[19] 阎培渝,覃肖. 大体积补偿收缩混凝土与延迟钙矾石生成[J]. 混凝土,2000(6).

[20] 游宝坤．膨胀剂对高性能混凝土的裂缝控制作用[J]．建筑技术,2001(1).
[21] P. K. Mehta. Ggreening of the concrete industry for sustainable Development [J]. Concrete International,2000(7).
[22] M. N. Haque, M. K. Goplan Strength Development of inadequately Cured High F LY Ash Content an Struetural Concrete[J]. Cement and concrete Research,1986(16).
[23] 丁铸,等．碱激发多组分胶凝材料的综述[J]．水泥,1996(5).
[24] 张文生,陈益民,等．粉煤灰与水泥熟料共同水化硬化的基础研究及评述[J]．硅酸盐学报,2000(2).
[25] 吕梁,侯浩波．粉煤灰性能与利用[M]．北京:中国电力出版社,1998.
[26] 王铁梦．工程结构裂缝控制[M]．北京:中国建筑工业出版社,1997.
[27] 王铁梦．变形变化引起结构裂缝技术讲座[J]．冶金建筑,1976(4).
[28] 王铁梦．建筑物的裂缝控制 [M].上海:上海科学技术出版社,1993.
[29] 王铁梦．工程结构裂缝控制的综合方法[J]．施工技术,2000(5).
[30] 王铁梦．工业及民用建筑温度伸缩缝的研究[J]．哈尔滨工业大学学报,1957(3).
[31] 江正荣．建筑施工工程师手册[M]．北京:中国建筑工业出版社,1992.
[32] 江正荣,朱国梁．简明施工计算手册[M]．北京:中国建筑工业出版社,1989.
[33] 徐荣华．大坝混凝土抗裂能力的评价[J]．人民长江,1982(6).
[34] 水利水电科学研究院结构材料研究所．大体积混凝土[M]．北京:水利电力出版社,1988.
[35] 张信鹏,王德森．耐腐蚀混凝土[M]．北京:化学工业出版社,1989.
[36] 陈德威,赵士怀,黄夏车,等．大体积混凝土水化热温度的预测与监测[C]//第八届全国建筑工程计算机应用技术会议论文集．杭州:浙江大学出版社,1996.
[37] 杨长辉,王川,吴芳．混凝土塑性收缩裂缝成因及防裂措施研究综述[J]．混凝土,2002(5).
[38] 郭之章,傅华．水工建筑物的温度控制[M]．北京:水利电力出版社,1990.

[39] 徐世烺,赵国藩. 混凝土裂缝的稳定扩展过程与临界裂缝尖端张开位移[J]. 水利学报,1989(4).
[40] 水利水电科学研究院结构材料研究所. 大体积混凝土[M]. 北京:水利电力出版社,1990.
[41] A. M. Neville. 混凝土的性能[M]. 李国津,马贞勇,等,译. 北京:中国建筑工业出版社,1983.
[42] 丁建彤. 水泥性能变化对混凝土性能的影响[J]. 建材发展导向,2003(1).
[43] 沈旦申. 粉煤灰混凝土[M]. 北京:中国铁道出版社,1989.
[44] 孙永波,曾力,刘数华. 大体积混凝土抗裂性能研究[J]. 南水北调与水利科技,2003(5).
[45] 熊大玉,等. 混凝土外加剂[M]. 北京:化学工业出版社,2002.
[46] 王异. 混凝土冬季施工手册[M]. 北京:中国建筑工业出版社,1982.
[47] 卓尚木,等. 钢筋混凝土事故分析与加固[M]. 北京:中国建筑工业出版社,1997.
[48] 鞠丽艳,张雄. 混凝土裂缝防治的两种新方法[J]. 施工技术,2002(7).
[49] 鞠丽艳. 混凝土裂缝抑制措施的研究进展[J]. 混凝土,2002(5).
[50] 郭仕万,肖欣,赵和平. 混凝土施工中的裂缝控制[J]. 山西水利科技,2000(11).
[51] 蒋元驹,韩素芳. 混凝土工程病害与修补加固[M]. 北京:海洋出版社,1996.
[52] 中国建筑科学研究院. GB 50010—2002 混凝土结构设计规范 [S]. 北京:中国建筑工业出版社,2002.
[53] 中国建筑科学研究院. JGJ 55—2000 普通混凝土配合比设计规程 [S]. 北京:中国建筑工业出版社.
[54] 中华人民共和国国家经济贸易委员会,DL/T 5151—2001 水工混凝土砂石骨料试验规程[S]. 北京:中国电力出版社,2001.
[55] 中国建筑科学研究院. JGJ/T 10—1995 混凝土泵送施工技术规范[S]. 北京:中国建筑工业出版社.
[56] 中华人民共和国国家发展和改革委员会. DL/T 5144—2001 水工混凝

土施工规范[S]. 北京:中国电力出版社.
[57] 中华人民共和国电力工业部. DL/T 5057—1996 水工混凝土结构设计规范[S]. 北京:中国电力出版社,1996.
[58] 中华人民共和国建设部. GBJ 146—90 粉煤灰混凝土应用技术规范[S]. 北京:中国建筑工业出版社,1991.
[59] 国家质量技术监督局. GB 175—1999 硅酸盐水泥、普通硅酸盐水泥[S]. 北京:中国标准出版社,1999.
[60] 国家发展和改革委员会. DL/T 5055—1996 水工混凝土掺用粉煤灰技术规程[S]. 北京:水利电力出版社,1996.
[61] 国家质量技术监督局. GB/T 8077—2000 混凝土外加剂匀质性试验方法[S]. 北京:中国标准出版社,2000.